U0286997

环境会计：方法与实证

朱帮助　张三峰　戴　悦　齐祥芹　姜　柯　等著

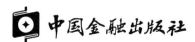

中国金融出版社

责任编辑：肖丽敏
责任校对：潘　洁
责任印制：丁淮宾

图书在版编目（CIP）数据

环境会计：方法与实证/朱帮助等著. —北京：中国金融出版
社，2020.9
ISBN 978 – 7 – 5220 – 0834 – 9

Ⅰ. ①环…　Ⅱ. ①朱…　Ⅲ. ①环境会计—研究　Ⅳ. ①X196

中国版本图书馆 CIP 数据核字（2020）第 187552 号

环境会计：方法与实证
HUANJING KUAIJI：FANGFA YU SHIZHENG

出版
发行　**中国金融出版社**

社址　北京市丰台区益泽路 2 号
市场开发部　（010）66024766，63805472，63439533（传真）
网 上 书 店　http://www.chinafph.com
　　　　　　（010）66024766，63372837（传真）
读者服务部　（010）66070833，62568380
邮编　100071
经销　新华书店
印刷　北京市松源印刷有限公司
尺寸　169 毫米 × 239 毫米
印张　14.75
字数　216 千
版次　2020 年 9 月第 1 版
印次　2020 年 9 月第 1 次印刷
定价　58.00 元
ISBN 978 – 7 – 5220 – 0834 – 9
如出现印装错误本社负责调换　联系电话（010）63263947

前　　言

　　将资源环境因素纳入微观企业会计核算体系，评价企业生产经营造成的资源消耗、环境损害，估算保护生态环境带来的生态效益，不仅能从根本上改变企业经营价值观，提高企业保护生态环境的意识，而且是建立自然环境资产负债表与绿色核算体系的坚实基础。本书聚焦环境会计前沿领域，回应社会关注的环境保护热点问题，采用微观计量等规范的经济学和管理学研究方法，系统评判与企业生产经营相关的资源环境问题，把因环境问题所造成的经济损失、加强环境保护带来的收益等信息传递给政府、企业与其他利益相关者，以期能激发社会各界保护生态环境的意识。

　　本书共12章。第1章检验了内部碳定价对企业环境绩效的影响及其机制；第2章探寻了环境规制、环保投入对中国企业生产率的影响；第3章实证检验了重污染企业环境信息披露对财务绩效的影响效应；第4章定量考察了市场化进程视角下制造业上市公司内部控制体系对环境信息披露水平的影响；第5章实证分析了通过全球价值链背景下的非正式环境规制对中国企业ISO 14001认证的影响；第6章评价了生态补偿机制视角下企业环境信息披露的现状；第7章考察了环境规制对我国企业生产率的影响及作用机制；第8章运用文献计量方法，归纳了近年来我国环境会计信息披露领域的研究现状、热点、新颖方向和高产群体；第9章运用演化博弈理论中的复制动态方程，对民营企业社会责任层次的演化机理进行了模型分析；第10章对比分析了北京与浙江重污染行业上市公司的环境信息披露及存在的问题；第 11 章刻画了环境规制对我国纺织企业财务的影响；第 12 章构建了生态补偿方和受偿方在有限时间内存在跨界污染合作治理微分对策模型，探讨不同决策情形下双方反馈均衡策略、状态变量最优轨迹及其福利水平的动态变化情况，并设计出合理的福利分配机制。

本书由朱帮助总体设计、策划、组织和统稿，是环境会计教学与研究团队集体智慧和辛勤工作的结晶。第 1 章主要由朱帮助等完成，第 2 章、第 5 章、第 7 章主要由张三峰等完成，第 3 章、第 6 章、第 8 章主要由戴悦等完成，第 4 章主要由齐祥芹等完成，第 9 章主要由程柯等完成，第 10 章主要由姚晖等完成，第 11 章主要由孙薇等完成，第 12 章主要由姜柯等完成。

在本书的撰写中，得到了于景元、盛昭瀚、徐伟宣、李善同、汪寿阳、陈晓田、杨列勋、刘作仪、杨晓光、胡军、宋献中、田立新、潘家华、严晋跃、耿涌、邓祥征、周德群、毕军、朱晶、李仲飞、张卫国、王兆华、余乐安、陈诗一、陈彬、张炳、周鹏、廖华、苏斌、周守华、吴战篪、徐宇辰、张林、Julien Chevallier 等国内外专家学者的指点和帮助；曹杰、杨德才、卜茂亮、华兴夏、徐陈欣、王南、唐甜、史梦鸽、华楚慧、殷敏等参与了部分章节的讨论与撰写；中国金融出版社肖丽敏编辑对本书做了大量工作。当然，点滴的研究进展都离不开恩师魏一鸣教授的引路、指点和提携。在此向他们表示衷心的感谢并致以崇高的敬意！

感谢本书中引用文献的所有作者。

感谢会计学国家一流本科专业建设项目、国家社会科学基金重大项目（16ZZD049）、国家自然科学基金项目（71303123、71473180、71603130、71771105、71904088、71903099、71974077）、江北新区发展研究院和江苏省人才强省建设研究基地对本书研究工作的资助。

我们期望本书的出版能够进一步推进中国环境会计、环境经济与环境管理的学科发展，推动中国环境管理会计和环境财务会计的融合研究和实践。当然，相对于整个环境会计学科的发展，我们所做的研究依然是初步的，研究的内容尚有大量更深入、更广阔的拓展空间。我们诚挚地欢迎国内外专家、学者和同行对我们研究的不足之处给予批评和指正，这些将是我们研究不断深化和完善的动力源泉。

朱帮助

2020 年 8 月 1 日

目　　录

第 1 章　内部碳定价是否
提高了企业环境绩效

1.1　问题的提出

近 30 年来，企业社会责任（CSR）已经很好地融入了越来越多企业的文化结构。如今企业不再考虑是否参与 CSR，而是考虑如何在战略上有效地规划企业社会责任，并清楚地说明 CSR 对企业内外部的影响（Wang et al.，2016）。随着世界各国对气候与环境问题的关注度不断上升，CSR 已不足以满足环境管理理论的推进和实践应用，企业环境责任（CER）逐渐成为一个独立性话题（Wang et al.，2017）。20 世纪 90 年代，企业环境承诺、企业环境主义、企业环境公民、企业绿色化与绿色管理等概念纷纷出现，显示了学术界对 CER 及其企业环境行为的高度关注。在 CER 实践领域，跨国企业（如 BP 等）纷纷制定积极主动的环境管理与可持续发展战略，以 CER 为重要基础的可持续发展原则逐步成为国际企业的标准规范（如全球契约组织）。GE 公司早在 2006 年就正式推出了"绿色创想"计划，环境友好型产品研发投入高达 15 亿美元，以帮助全球客户解决日益严峻的环境挑战，并以环保产品和服务作为新的业务增长点，同时减少自身在全球生产和经营活动中的温室气体排放。同 CSR 一样，企业 CER 对企业内外部的影响，尤其是对环境的影响已经取代了是否承担环境责任而成为新的问题焦点。企业环境责任不应该只是理论，更应该落到实处。

近年来，越来越多的国家和地区对企业环境实践和环境绩效的兴趣日益增长（Christopher et al.，2016），研究企业环境行为具有重要的意义。各国企业都在寻找真正有效的减排方法作为承担环境责任、改善环境绩效的方式，而内部碳定价（ICP）作为一种新兴的碳减排措施，开始受到越来越多的关注。ICP即将国家层面碳定价内部化，在企业内部构建碳定价和税收框架，以碳收费等方式激励企业各部门和员工实现节能减排。ICP旨在将内部碳成本从增加的内部医疗成本、环境补偿成本和加剧的环境损害转移到污染源的支付上，并通过这样做来激励碳减排和能源使用效率的发展。ICP也在试图纠正与温室气体排放相关的消费选择背后的激励结构。在应对环境和气候变化方面，全面的ICP计划有望实现。我们的研究旨在开创ICP的相关实证研究，并补充日益增长的碳定价文献。

根据联合国（UN）巴黎协定，世界各国应努力减少碳排放，以使全球气温水平相对工业化之后的升高保持在2℃以内。为了实现该充满挑战性的减排目标，世界各国应实施强有力的政策，对碳排放收取足够高的费用，以鼓励替代性非碳能源的研发和使用。与此同时，各国公司也应制订其相应的内部碳减排目标和计划，并设定合理的内部碳价格，作为实现这些目标的机制之一。截至2019年6月，已有57个世界经济合作组织（OECD）成员国和20国集团政府（G20）实施或计划实施国家碳税或以碳为基础的市场总量管制和交易计划以及地方计划，有74个地区（46个国家和28个地方政府）进行碳定价或收取碳税，这些计划或政策所涉及的排放量涵盖了全球碳排放量的20%，并在2018年为全球增加了440亿美元的碳定价收入（World Bank，2019）。

企业环境行为与国家和政策息息相关（Wang et al.，2017）。Dell et al.（2009）发现，全球气温平均每上升1℃，发展中国家的收入将减少1.4个百分点。虽然目前没有证据表明这种影响在美国也同样适用，但我们相信全球性的气候问题，没有一个国家能够幸免。然而，尽管美国的碳排放总量常年居世界第二位，但由于特朗普政府仍执意退出联合国巴黎协定，因而美国目前既没有征收国家碳税，也没有制定国家层面的碳价格或建立国家碳排放交易所。由于缺乏国家碳排放政策，美国企业减少碳排放主要依赖于部分企业自愿采取的减排行动。随着特朗普政府的亲煤炭（化

石）燃料议程（包括美国自 2017 年 6 月 1 日起退出《联合国巴黎协定》）
的推进，据美国环境环保署（EPA）测算，美国 2020 年的碳社会成本从每
吨二氧化碳 42 美元下调至每吨 1 ~ 7 美元（EPA，2017a，b）。2017 年美国
国会提出的数项碳税提案也皆未能获得通过。2018 年 11 月，华盛顿州的
公民又拒绝了拟议的州碳税计划。目前美国只有加利福尼亚州和东北部存
在两个主要的限额交易和贸易交易所，即"区域温室气体倡议"（RGGI），
为受管制的公用事业公司的碳排放设定市场价格。事实上，不仅是美国，
目前全球的环境监管模式都建立在这样一种思想上，即企业必须"被迫"
改善环境，因为它们在改善环境绩效的过程中会发现这些行为不仅会给它
们带来昂贵的成本，且在短期内是无利可图的，因此它们不会自愿去做
（Kim & Thomas，2014）。EPA 根据《清洁空气法》对温室气体进行监管，
也对那些仅仅因为环境行为会给企业带来额外的成本就积极抵制气候监管
的企业发出了严厉的警告（Shear，2013）。而大量的研究发现，碳排放监
管确实会给企业带来成本（Nordhau，2007；Stern，2007；Aldy 和 Stavins，
2011）。在这样的双重作用下，公司使用 ICP 来减排的动机可能会减弱。

　　企业行为影响着全球气候，而气候问题也影响着企业发展。目前极端
温度已经被证明会影响劳动生产率，尤其是在碳敏感和热敏感行业（Jawad
et al.，2020）。不仅如此，如果未来的现金流受到更高的环境成本和更严
格的环境监管的不利影响，那些高排放企业就会对气候变化更加敏感，社
会责任投资者就会避免持有这些公司的股票。研究发现，如今碳密集型公
司的股票回报率低于其他公司，而当异常温暖的时候这种影响会更加明显
（Darwin et al.，2020）。目前已有证据表明，如果在适当的价格水平上全面
征收碳税，将减少投资者对气候对冲组合基金的需求，从而降低企业应对
气候变化的保险成本（Robert et al.，2020）。为此，许多大型企业的 CEO
都呼吁设定国家层面的碳排放价格并制定碳定价政策，以减少气候变化对
企业造成的不利影响。2019 年 5 月 15 日，13 家位列全球财富 500 强公司
的首席执行官与四个领先的环保组织进行了首席执行官气候对话，他们联
合呼吁美国政府和国会制定长期的联邦政策，包括对碳排放定价，以防止
气候持续恶化带来的恶劣影响致使 2050 年将美国温室气体排放量减少

80%的目标无法实现（World Resources Institution，2019）。同时，在之前的绿色新政的辩论以及此前的总统候选人辩论中，也有许多关于如何应对气候变化的提案，其中包括国家碳定价提案。为避免目前美国环保意识先进企业与美国政府对气候问题的漠视之间的矛盾进一步激化，利用美国公司实施 ICP 的有效性来评估上述建议就显得尤为重要。

目前，碳敏感行业（如油气、采矿和电力等）中的很多企业已经将内部影子价格运用到了业务决策和风险缓解策略中。企业使用的 ICP 方法一般是制定影子价格或收取内部碳税，使企业的资金流倾向于更高效、更低碳排放的投资。ICP 可以帮助企业追踪不同来源的碳排放，对潜在的监管变化进行压力测试，并将投资转向低碳排放替代方案（Ahluwalia，2017a，b；Economist，2018；CDP，2017；CDP，2018）。如壳牌石油公司将内部碳价格设为 40～80 美元每吨二氧化碳当量（$MTCO_2e$），用以评估投资决策。该项措施帮助壳牌石油公司在 2015—2016 年减少了 200 万吨二氧化碳当量的直接碳排放。微软和迪斯尼公司也有效地利用了内部碳税来鼓励它们的企业部门和员工减少电力消耗或从事废物回收等低碳行为，并用这些费用来购买碳补偿或通过其他方式来实现零碳排放的目标（Ahluwalia，2017a，b；Economist，2018）。

在 ICP 研究之前，学术界已对国家及地区层面的碳交易系统做出了广泛而深刻的探讨。为了将企业的治污成本内部化，美国经济学家 Dales 在 1968 年提出了排放权交易的理论。发展至今，现有的研究已经考察了全球各个碳交易系统包括低碳技术的投资激励措施（Martin et al.，2011；Rogge et al.，2011）和竞争分析（Albrizio et al.，2017）等诸多方面，以评估其实际带来的影响。一些研究证实了 ETS 在节能减排方面的有效性。美国二氧化硫排放交易体系（US－SO_2）成功完成了"酸雨计划"的阶段性减排目标，并且实际减排量超过了计划减排目标（Stavins，1995）。欧盟排放交易体系（EUETS）第一阶段的减排量接近 3%，且大部分减排量主要发生在欧盟 15 国（Anderson，2011）。在 EUETS 的第二阶段，公司的碳排放量有了更显著的下降，幅度为 10%～26%（Martin et al.，2016）。ETS 还具有其他重要的影响力，例如，因为 ETS 的影响，在"酸雨计划"

的第一阶段（1995—2000 年），新的清洗技术的运用远不及使用清洁能源替代以减少排放来得受欢迎（Gagelmann 和 Frondel，2005），这表明 ETS 还能促进清洁能源的使用。

　　然而，也有研究发现 ETS 的影响并没有那样大。Clò et al.（2017）使用 1990—2012 年欧洲 29 个电力市场的跨国面板数据集研究发现，由于排放配额宽松，碳排放交易体系对减排的作用实际上十分有限。欧盟排放交易体系第一阶段将每年的二氧化碳总排放量减少了 5000 万 ~ 1 亿吨（Anderson，2011；Calel 和 Dechezleprêtre，2016；Ellerman 和 Buchner，2008）。但是其中仅电力部门的燃料转换就减少了 2600 万 ~ 8800 万吨的排放（Delarue et al.，2008），占 EUETS 减排量的最大份额，所以 EUETS 在其他方面的影响可能十分有限。Bel 和 Joseph（2015）使用历史排放数据评估了欧盟 ETS 在前两个交易阶段（2005—2012 年）对温室气体排放的影响，发现对减排量影响最大的因素实际上是全球经济危机而非 ETS。现有研究表明，ETS 对节能减排具有重要的影响，但关于此种影响的深度和广度却结论不一。

　　越来越多的组织受到 CDP、We learn Businesses 等环保组织倡议的影响，开始关注和尝试实施 ICP。2016 年，耶鲁大学在其校园内部实施碳定价政策，对校园内部分建筑物实行碳收费，比较其与未收费建筑物相比的碳排放情况。实验表明，实行碳收费能有效地促进耶鲁大学内部建筑物的节能减排，且在同一时间内，基准排放量越高的建筑物减排效果越突出（Kenneth 和 Daniel，2017）。耶鲁大学另有研究表明，能源密集型的建筑物更容易通过 ICP 来减少排放，并且不同的 ICP 方案设计所带来的减排效果具有显著差异（Luke 和 Brenda，2018）。企业层面的 ICP 实践案例也表明，ICP 机制对节能减排有一定促进效果。微软创新性的内部自愿碳收费机制已帮助减少了超过 900 万吨的温室气体排放，在全球影响了超过 700 万人（Ethan et al.，2019）。皇家帝斯曼集团（Royal DSM）也表明，通过 ICP 的实施，不仅管理层明确了企业的气候目标——50% 的销售额来自 "ECO + " 产品，企业内部员工的减排意识也得到了显著提升（Anja 和 Ryan，2016）。在发展中国家的企业应用 ICP，影响也十分可观，比如土耳其加兰帝银行通过应用 5 ~ 10 美元每公吨二氧化碳当量的内部影子价格，改善了能源使用状况——自 2014 年以来每年在绿地项目融资中实现 100% 可再生能源运用，大大降低了该企业的碳排放量。不仅如此，该影子价格还提高了银行息税前利润（EBIT）率达 35%（Whitney，2018）。印度企业 Mahindra 也在实施 ICP 一年后即宣布内部碳价能够在节省大量运营成本的同时，推动企业内部的创新和替代思维（David，2017）。加拿大金属矿业公司泰克资源（Teck Resources）通过情景分析的方式分析发现，ICP 能帮助企业合规，并大大降低供应链各环节的碳风险（Joseph & Gianfranco，2019）。

总结已有的研究，ICP 机制不仅能从一定程度上促进企业节能减排，促使企业向年均零排放目标迈进，还能对企业财务绩效产生影响。现有研究为企业决策提供了科学支持，但仍然存在如下不足。第一，目前研究皆为案例分析，而每个案例仅能代表个别企业的个别现象，为了深入挖掘 ICP 是否能普遍改善企业的环境绩效，还需要更多的数据和实证研究的支撑。第二，已有的研究仅表明企业 ICP 能够降低企业的碳排放强度，却没有对作用机制做进一步分析，也没有针对不同类型的企业来讨论作用机制是否存在差异。

为了填补已有研究在企业 ICP 的空缺，本书的研究目的在于探讨 ICP 是否真正能够帮助企业减少碳排放；如果可以，那么作用机制是什么。我们的研究在两方面增加了价值。首先，我们对企业环境责任和碳定价的相关文献作出了理论贡献。将企业环境责任从企业社会责任中分离开来，我们总结了企业承担环境责任不仅是为了创造环境绩效，而且是出于利益相关者压力、企业战略等多方面考量，能给企业带来管理效率等方面的提升。在碳定价上，现有研究集中于国家层面碳定价影响的相关文献较多，而对企业内部碳定价的文献却寥寥无几。其次，我们从 ICP 的原因和方法出发进行了理论上的开拓。我们的实证贡献在于首次定量验证了 ICP 的有效性，为企业高质量转型发展提供了一种新的道路选择。我们还验证了 ICP 能够通过提高企业研发投入，尤其绿色产品研发投入，加快企业技术创新和设备更新来提高企业环境绩效，降低企业碳排放强度。我们的研究不仅补充了碳定价相关文献，也开创了 ICP 实证研究的先河。在美国这样的发达经济体中，企业自愿在内

部实施环境治理实践带来的影响进一步加深了我们对如何更有效地遏制全球
快速增长的环境挑战的理解，也为美国以外同样面临重大环境挑战国家（如
中国、印度等）的企业提供参考和启示。

1.2　理论与假设

1.2.1　企业环境责任与内部碳定价

内部碳定价是企业在内部进行的自愿性环境行为，是企业承担环境责
任的一种方式。目前学术界对企业环境责任尚未得出统一的定义。从利益
相关者视角出发，可以将 CER 的本质视为利益相关者关系管理（Henriques
和 Sadorsky，1999）。持该观点的学者认为，CER 是企业通过透明且可参与
的利益相关者关系管理，实现企业环境承诺和可持续发展目标，并对社
会、环境等产生积极影响的过程。在该视角的观点中，CER 是企业对利益
相关者要求的被动响应。CER 也被视为企业为利益相关者创造共同价值的
过程（Onkilat，2009）。CER 企业主动地进行利益相关者互动与管理，通
过不牺牲经济绩效的方式改善其环境影响，进而为可持续发展作出贡献的
同时培养良好的利益相关者关系，并由此为企业在资源获得、品牌声誉等
方面带来实际利益。

从利益相关者视角可引申出来的战略管理理论认为，企业所进行的一
系列环境行为是企业将商业伦理及利益相关者对环境的关注与企业战略计
划进行整合的过程，目的在于改善企业与外部环境的关系并获得成本集
约、资源优化、企业声誉等竞争优势（Schaltegger 和 Wanger，2011）。并
且，该类学者将环境危机视为商业机会，将企业的环境行为解读为企业利
用机会建构竞争优势的战略管理行为。其中，典型的观点认为环境是企业
存在的基础性支持条件，也为利益相关者共同关注，企业所采取的环境行
为就是基于 3P（People、Planet 和 Profit）原则管理企业的环境影响并创造
共享价值的态度、规范以及行为（Camer，2005）。回顾过去，诸多全球范
围内在 ESG 方面表现良好的企业，都先后提出绿色或可持续性发展战略。

虽然其战略提出是基于外部环境与企业自身条件做出的未来发展道路选择，但绿色战略（如 GE 绿色畅想战略）却规定了企业环境行为的方向和程度。也就是说，既定的绿色战略既是内外部环境影响因素的作用结果，也是驱动企业采取环境行为的重要力量。

而从更为学术界所认同的环境绩效视角出发来看 CER。一些环境争议性企业和家族企业发布了 CSR 报告等信息，而企业可能仅为作秀，并不是为了实质性问题的改善，因此一些研究学者主张从环境绩效的角度对 CER 进行定义。Sharma 将 CER 界定为企业遵从指导性环境规范和自愿降低环境影响的行动措施及其结果，其定义不仅包括 CER 行为措施，更包括减少环境影响与促进环境改善的结果（Sharma，2000）。Trumpp 等则进一步将 CER 界定为企业在污染控制方法（如碳排放贸易机制）、信息披露机制（如有毒物质排放清单）以及自愿项目（如绿色能源等）等方面采取的政策措施及其响应程度（Trumpp et al.，2015）。此外，还有众多学者直接将 CER 界定为企业生态效率和环境正义、资源和能源效率以及污染减排情况等环境绩效的实现程度（Stanwick 和 Stanwick，1998；Perotto et al.，2008）。

理论上，一项成功的环境行为实施不仅能够提高企业的环境绩效，还能有效提高企业的管理效率。Berry 和 Rondinelli 等主张，企业的绿色行为通过环境创新与技术进步可改变此前缺乏效率的生产方式，降低企业浪费与提高产品质量和资源利用效率，并最终体现为成本节约效应（Berry 和 Rondinelli，1998）。除生产与运营成本以外，由于企业的环境行为也是企业公民行为，因而其对企业雇员关系及人力资源管理也必然会产生一定影响。已有实证证明，企业社会责任能最有效地减少员工流失率，且这种流失率是由对工作更有意义的偏好所驱动的（Seth et al.，2016）。由于高素质的员工在选择职业时必然会对企业有更多的挑剔（如较高的企业公民行为准则）（Vanessa，2016）因此拥有更好的环境表现，更愿意承担环境责任的企业更容易吸引到高素质的员工（Boyd 和 Gessner，2013）。并且，可持续创业创造共享价值的理念及其行动也能够帮助企业建立积极向上的组织氛围，增强企业创新创意能力，并提升员工的职业承诺（Tilley 和

Young，2006）。除此以外，企业能够通过采取环境行为来提升声誉，降低自身的曝光风险以降低商业保险资费，并因此获得更低成本的金融资源，最终提升企业的管理效率（Azzone et al.，1996）。这些影响产生的前提必然是一项成功的环境行为，而一项好的环境行为应以是否能真正提高企业的环境绩效作为首要评判标准，因而研究某项绿色行为对企业内外部都十分重要，而研究该项绿色行为能否降低对环境的影响更是首要。目前学术界还没有能够证实企业内部实施的环境行为能够切实降低企业对环境影响的研究，故本书首要性就是研究企业的一项内部环境行为是否能降低企业对环境的影响。

随着世界日益关注气候变化的影响，企业面临着实体风险和监管风险，而这些风险反过来又带来了财务风险。当我们经历洪水和干旱、生态系统的变化和温度的变化时，物理风险是最明显的。企业资产、供应链、资源和物资短缺的破坏，所有这些都会直接影响到组织的经济和财务价值。例如，许多金融机构，如汇丰银行、摩根士丹利、德意志银行和美国银行等都受到压力，被公布与气候相关的风险和风险敞口相关的信息，因为它们担心因气候变化而陷入困境。然此，监管风险是高度不确定的。虽然一些国家已经采取措施减少或限制温室气体排放，但其他国家仍在举棋不定。法律和规章也容易随着新的选举周期的到来而改变。

广义上，风险和机会是组织决策的关键。实施 ICP 的决定本身就给公司和组织带来了一套明确的成本，包括与内部碳收费管理相关的成本。它也提供了一系列的机会，包括在未来低碳经济中的竞争优势。通过制订ICP 计划可以减少或限制这些风险，从而减轻气候变化的潜在影响。此外，它可以为组织提供新的机会，潜在地增加它们的经济价值。

ICP 将推动组织的低碳实践计划和战略。为了行之有效，政策目标必须明确，价格必须合理设定。理想情况下，目标应该包括改善环境绩效和促进绿色发展。最佳情况之下，它还应为企业创收和提高效率。

在价格设定适当的情况下，实施内部碳收费的主要好处包括：①准备应对未来的碳税和新的环境监管法律。②在未来的低碳经济到来时提供竞争优势。③激励引导投资向有效的实践和技术长期研究以及开发新成本效益和绿色创新的机会。④吸引有环保意识的投资者和利益相关者。⑤将组织定位为有社会责任感的组织。⑥通过领导环境和社会问题为长期利润和回报作出贡献。

ICP 方法主要是碳收费和影子价格，即为每吨碳排放设定了明确的价格。但是，企业在执行这个价格时有所不同。内部碳排放收费是指在企业内部为每吨碳排放征收的一种税，该收费可以在短期内减少排放，同时通过重新设计激励结构，在长期内鼓励企业低碳和低能源技术的创新。在这种情况下，费用由负责部门从组织内的所有参与者收取。而影子价格使碳成本内化，在资本投资和整个投资生命周期（包括但不限于研发、基础设施、设备和资产）的成本估算中作出选择。影子价格是分配给目标投资的理论价值，但实际上并不收取费用，它通常对应于项目或设备的生命周期、环境和财务成本。影子价格的目标是将碳成本对组织战略和投资回报率的影响纳入其中，它着眼于未来排放的长期战略，并影响决策者投资于节能基础设施和实践，但它可能并不会直接改变或解决当前的排放问题。

ICP 的一个关键考虑因素是设定碳的价格。过高的费用会给组织内部的业务单位带来经济负担，并使该项目难以获得股东批准；但过低的费用则不会产生很大的影响，因为对各部门来说，支付这样的费用比改变业务或减少消费要便宜。因此，费用需要低到足以被决策者采纳，同时又要高到足以激励员工和业务部门改变他们的做法。ICP 的具体数额依赖于对碳的社会成本（SCC）的估计。SCC 是根据不同的贴现率计算的，贴现率取决于政府的经济政策，它被认为是组织为其所造成的环境影响所付出的社会成本，是排放和消费之间的社会边际替代（Michael et al.，2020）。如果一个组织选择计算它自己的内部碳价格，公司应该首先确定当前或历史排放量，并建立一个温室气体清单。此外，应该自行制定减排目标，它应该具体规定碳排放收费和相关减排时间表的实现。某年的碳价格应反映温室气体存量，激励行为改变，以实现计划目标和政策目标。当使用的综合评估模型（IAMs）更新时，SCC 通常会被重新审视和调整，能更准确地根据二氧化碳浓度的增加和由此产生的趋势变化来估计未来的损害。这就是为什么组织私下设定的费用应该随着时间的推移重新考虑修订的目标，不仅可以防止碳排放的实际价值下降，而且还将鼓励企业在短期内减少排放，并鼓励能源效率投资和长期创新。影子价格和碳排放收费可以同时使用，而且，在某些情况下，每种方法的价格可能不同。对碳排放同时采用碳排放收费和影子价格的一个例子，可能涉及对未来投资收取累进式碳排放收费，这一收费将代表一种不同于用于当前投资决策的影子价格的贴现方案或风险分析。

此外，企业进行 ICP 还应该关注收费的频率、收取费用的返还机制、收取费用的用途等细节性的问题。总体来说，在研究企业亲社会行为的理论文献中，所有行为的最佳表现取决于对组织结构和对投资者和管理者激励的假设，以及行为是否长期对企业有利（Sophie 和 Margaret，2020）。各个企业实施 ICP 的方法不同，科学性上存在差异，故实施效果也存在区别。但是以促进企业的节能减排为目标，ICP 在全球各国总体上的实施效果却是可以估计和度量的。为了探究该项环境行为是否真正降低了全球各国企业对环境的影响，本书提出假设一：企业 ICP 能够提高企业的环境绩效，降低企业的碳排放强度。

1.2.2　内在机制分析

新古典主义认为，严苛环境管制短期内有助于消除经济活动对环境的不良影响，但会增加企业生产成本，增加企业负担，抑制企业发展（Blackman et al.，2010）。但"波特假说"给出了另外一种可能，Porter 和 Linde（1995）在一个动态的分析框架下讨论环境规制对企业竞争力的影响，严格的环境规制所导致的生产要素价格和成本的增加可以激发企业工艺创新和产品创新，并获得相应创新的补偿以抵补因环境规制而增加的成本，从而导致其国际竞争力的提升。因此，从动态角度看，合理的环境规制设计能够激励被规制企业进行技术创新，从而部分或完全抵消由环境规制所带来的规制成本，提升企业竞争力，实现环境优化与企业竞争力提升的双赢结果（Porter，1991）。Jaffe 和 Palmer（1997）将"波特假说"拓展为"弱波特假说""强波特假说"和"狭义波特假说"三类。"弱波特假说"认为环境规制能刺激企业进行技术创新；"强波特假说"认为环境规制引发技术创新所带来的收益超过成本。"狭义波特假说"认为只有适当的环境规制才能刺激企业从事技术创新。"波特假说"的提出引发了大量的实证研究。Jaffe 和 Palmer（1997）检验了环境规制对行业研发支出和专利申请数的影响，发现环境规制显著促进了行业研发支出。也有学者发现了环境规制与环境相关专利申请之间存在正相关关系（Arimura et al.，2007；Johnstone et al.，2010）。Calel 和 Dechezleprêtre（2016）基于于欧洲排放交易政策的研究发现，受到监管的企业比未受监管的企业拥有更高的 r&d 投入。Manderson 和 Kneller（2012）以及 Nesta 等（2014）对"弱波特假说"的研究发现，受到监管的企业比未受监管的企业拥有更高的 r&d 投入。Manderson 和 Kneller（2012）以及 Nesta 等（2014）对"弱波特假说"的实证研究都发现环境规制对创新产生积极影响，即"弱波特假说"成立。对于"狭义波特假说"，Majumdar 和 Marcus（2001）提出"创新友好"的环境规制政策，即灵活的政策更有利于鼓励企业研发新的流程或新产品；相反，僵化的环境规制政策则不利于企业研发创新（Lopez et al.，2010）。Jaffe 等（2002）和 Brouhle 等（2013）认为，以交易许可等为代表的市场化环境规制对发明、创新以及环境友好型技术的扩散拥有较为显著的积极作用。Ambec 等（2013）认为，基于市场并且灵活的规制比环境标准、排放限额等基于命令—控制的直接管制更有助于企业创新。但 Testa 等（2011）的研究则给出了相反的结论，认为设计优良的直接管制才能对企业创新产生较为积极的影响。

　　虽然学术界目前未能在"狭义波特假说"中就什么样的环境规制才能对企业的技术创新产生影响达成一致结论，但是就目前对波特假说的研究来说，讲环境规制确实能为企业的技术创新带来动力。然而，基于"波特假说"，目前的研究基本集中在外部环境规制对企业技术创新的影响，而关于如果在企业内部实行环境规制，还能否对企业的技术创新产生影响这一点，学术界目前的研究还十分欠缺。此外，有研究表明，能源企业的勘探和开发（E&D）支出会随着企业预计运营成本的增加而提高，以技术进步带来的优势将消化日益提高的能源成本（Alexander，2020）。但是，目前并没有证据表明一般企业采取环境行为能够刺激企业在研发方面的投入。企业进行 ICP 在前期必然会投入一定量的资本来保证该项措施的顺利实施而增加企业成本，因而我们推测一般企业实施 ICP 能够促使企业提高 R&D 支出来加快技术进步和设备更新，以此来抵消 ICP 带来的成本，同时降低企业的碳排放强度。

综合上述两点，本书在探讨"在企业内部实行 ICP 能否降低企业的碳排放强度"的基础上，进一步研究了企业 ICP 是否能通过影响企业的技术创新（R&D 投入）来降低企业的碳排放强度。根据以上分析，本书提出假设二：企业 ICP 通过增加企业的研发投入，特别是在绿色产品研发上的投入，促进企业的技术进步以及产品设备更新来降低企业的碳排放强度。

1.3　研究设计

1.3.1　基础回归

本书建立面板回归模型来估计 ICP 对企业碳排放强度的影响，回归方程如下：

$$\left.\begin{array}{l} RIN_{it} = \beta\,ICP_{it} + \delta\,x'_{it} + \gamma\,YEAR_i + u_i + \varepsilon_{it} \\ EIN_{it} = \beta\,ICP_{it} + \delta\,x'_{it} + \gamma\,YEAR_i + u_i + \varepsilon_{it} \end{array}\right\} \tag{1}$$

其中，RIN_{it} 和 EIN_{it} 分别表示企业 i 在 t 年的每单位收入的碳排放强度和人均碳排放强度，ICP_{it} 表示 i 企业在 t 年的运营过程中是否运用了 ICP 机制的虚拟变量，x'_{it} 表示模型中其他影响企业碳排放强度的随时间和个体而变化的控制变量，μ_i 和 ε_{it} 分别表示不随时间变化只随个体变化的随机误差项和既随时间变化也随个体变化的随机误差项。在模型（1）中，β 为本书最关心的系数，如果 β 在统计上显著为负，则说明企业在生产运营的过程中运用 ICP 能有助于降低企业的碳排放强度。

1.3.2　减排机制检验

本书采用将 Baron 和 Kenny（1986）的逐步法与目前学术界认可度较高的 Bootstrap 法（Justine 和 Jesse，2018）相结合后的中介效应检验方法来检验减排机制。本书的中介效应检验方程有三个，其中方程（2）与前文的基准回归方程相同：

$$IN_{it} = \beta\, ICP_{it} + \delta\, x'_{it} + \gamma\, YEAR_i + u_i + \varepsilon_{it} \tag{2}$$

$$mediation_{it} = \varphi\, ICP_{it} + \lambda\, x'_{it} + \theta\, YEAR_i + \omega_i + \varphi_{it} \tag{3}$$

$$IN_{it} = \beta'\, ICP_{it} + \psi\, mediation_{it} + \epsilon\, YEAR_i + \zeta\, x'_{it} + \eta_i + \vartheta_{it} \tag{4}$$

检验的步骤如下：第一步是检验方程（2）中的系数 β。如果显著，则中介效应成立，并进行后续检验。第二步依次检验方程（3）中的系数 φ 和方程（4）中的系数 ψ。如果两个都显著，则意味着间接效应显著，并进行第四步检验。如果至少 1 个不显著，则进行第三步检验。第三步用 Bootstrap 法直接检验原假设：$\varphi \times \psi = 0$。如果显著，则间接效应显著，进行第四步。否则停止分析。第四步检验方程（4）中的系数 β'。如果不显著，则直接效应不显著，表明模型只存在中介效应，如果显著，则需要进行下一步检验。第五步比较 $\varphi \times \psi$ 和 β' 的符号。如果符号一致，则意味着存在部分中介效应，并汇报中介效应占总效应的比例 $\varphi \times \psi / \beta$。如果符号相异，则存在遮掩效应，此时要报告间接效应和直接效应之比的绝对值 $|\varphi \times \psi / \beta'|$。

1.4　数据与变量

1.4.1　数据

本书使用的碳排放以及碳排放相关数据均来自 CDP 2011—2018 年在全球各国进行的企业调查。数据库来源机构 CDP 是起源于英国的一家非营利性环保组织，它们通过对投资者、公司、城市、州和地区制定的全球性信息披露制度来控制上述对象对环境影响。在过去 15 年的活动中，CDP 已经建立起了一个对环境问题的参与空前强大的全球性系统。自 2010 年起，CDP 每一年都会对来自全球 82 个国家、16 个行业的数百至数千家企业进行问卷调查，对企业与环境和气候相关的，包括企业治理、风险与机遇、企业策略、碳排放、能源、参与等方面的情况进行详细的询问。与传统的数据库相比，CDP 的企业数据在对企业的环境与气候治理等方面的披露更为翔实，并且对于企业的 ICP 以及其他外部碳交易方面的数据独占，所以 CDP 的数据对于 ICP 的研究来说具有自身独特的优势。本书选取了2011—2018 年参与 CDP 数据调查的 500 家美国企业，构建八年期的非平衡面板。此外，本书采用的有关企业的自然特征数据以及财务数据均来自COMPUSTAT 数据库。

1.4.2　解释变量与被解释变量

（1）本书选取的被解释变量是碳排放强度（IN）

使用碳排放强度而非碳排放总量来衡量企业的减排效果，是为了避免企业由于业务增长、规模扩大等原因造成的排放量在绝对值上的变化影响研究效果。在 CDP 的数据库中，有直接关于碳排放强度的指标，分别是每单位收入排放的二氧化碳以及每单位全职员工排放的二氧化碳。但是，由于不同企业的货币度量方法存在差异，且 CDP 数据库中碳排放强度数据缺失严重，所以 CDP 数据库中的碳排放强度指标并不十分可靠。故本书依据CDP 数据库中企业的一级、二级排放总量指标以及 COMPUSTAT 数据库中的全职员工数量和企业年总收入指标重新计算了企业的碳排放强度。同时，由于行业之间碳排放强度的差异比较大，为了避免数据过分离散，本书还对碳排放强度的数值取了自然对数。即 RIN（Revenue Intensity）= ln（企业年一级二级排放总量/企业年总收入×100%），EIN（Employee Intensity）= ln（企业年一级二级排放总量/企业全职员工人数×100%）。

（2）本书的核心解释变量是企业是否应用了 ICP 机制（ICP）

根据 CDP 数据库中关于是否使用 ICP 机制的相关问题构建，本书将问卷中回答"从未使用，并且两年内不打算使用 ICP 机制"的企业和"未使用，但打算在两年内使用 ICP 机制"的企业归并为"未使用 ICP 机制"的企业，并对其赋值为"0"。将回答"已使用 ICP 机制"的企业认定为使用ICP 机制的企业，并对其赋值为"1"，以检验应用 ICP 与否产生的减排效应。

1.4.3　控制变量

其他可能影响企业排放强度的控制变量：①规模（Size）。本书采用 2011—2018 年各年对应的企业正式员工数量的面板数据进行度量，这是因为规模经济的存在可能会影响企业与碳排放相关的要素的使用效率，从而影响企业的碳排放强度。②企业总资本（Capital）。企业总资本的规模一定程度上也可以反映企业规模，同样可能因为规模经济的存在而影响企业的碳排放强度。③企业的资本支出（Lcape）。企业的资本支出可能会对企业的碳排放量产生正负两个方面的影响。正的影响可能是企业的资本支出水平是影响企业成长的重要因素，企业成长带来的产出增加可能会导致企业排放量的增加；而负的影响可能是企业的资本支出高，意味着企业可能愿意为企业的环境与气候表现投入更多的资本，如购买先进的环保型机器设备等，这又可能会引致企业碳排放强度的降低。本书采用 2011—2018 年各年对应的企业资本性支出的自然对数进行度量。④企业采取的其他减排方法的数量（Strategy）。除 ICP 以外，企业采取的其他减排方法也可能会对企业的排放强度产生影响。一般来说，采取更多减排方法的企业，其在气候与环境方面的意识更为强烈，可能它们的碳排放强度的表现相较于采用较少或者不采用减排方法的企业更好。本书采用 CDP 数据库中企业采用的促进低碳投资方法的数量进行度量。⑤企业是否加入了碳交易系统（ets）。根据学者在中国进行的调查研究表明，加入碳交易系统的企业与未加入碳交易系统的企业相比，碳排放强度会有显著的下降（Hu et al.，2019）。虽然美国并没有碳交易市场，但是部分美国企业仍然加入了其他国家或是欧盟的碳交易系统。为了尽可能避免企业参与外部碳交易系统对碳排放强度的影响降低回归的可靠性，本书仍将"是否参与碳交易系统"设为控制变量。本书采用 CDP 数据库中"是否加入碳交易系统"的指标进行度量，对回答"是"的企业赋值为"1"，对于回答"否"的企业赋值为"0"。⑥企业是或否购买过碳信用额度（Credit）。同 ETS 一样，企业是否参与外部碳定价系统将会影响企业的碳排放情况。

除模型采用的个体固定效应以外，本书还在模型中控制了年份虚拟变量。年份虚拟变量用于控制部分年份中不可观测的特定因素（如当年出台某项气候经济政策或经济危机等影响）。

为方便描述，表1-1列出了所有变量，表1-2列出了变量的描述性统计。本书还将样本企业分行业进行了描述性统计，见附表1-1、附录表1-2、附表1-3。

表1-1　　　　　　　　　　　　　　变量

变量	标签	定义	度量方式	数据来源
被解释变量	RIN	单位收入的碳排放强度	企业一级和二级碳排放总值除以企业总收入并取自然对数	CDP企业数据库以及COMPUSTAT数据库
	EIN	人均碳排放强度	企业一级和二级碳排放总值除以企业全职员工人数并取自然对数	
解释变量	ICP	企业是否应用ICP的虚拟变量	企业应用ICP（icp=1）企业未应用ICP（icp=0）	CDP企业数据库
控制变量	Credit	企业是否购买过碳信用额度	企业购买过碳信用额度（credit=1）企业未购买过碳信用额度（credit=0）	COMPUSTAT数据库
	Size Capital	企业规模 企业总资本	企业各年全职职工人数 企业各年总资本额	
	Lcape	企业资本支出	企业资本支出额的自然对数	
	Strategy	减排措施数量	企业采取的减排措施数量	CDP企业数据库
	ets	企业是否加入ETS的虚拟变量	企业加入了ETS（ets=1）企业未加入ETS（ets=0）	

表1-2　　　　　　　　　　　　　样本描述性统计

Variable	Mean	Std. Dev.	Min	Max
total	5.111e+06	1.570e+07	96	1.500e+08
rin	404.6	1206	0.0276	15586
ein	376237	1.448e+06	6.788	2.650e+07

Variable	Mean	Std. Dev.	Min	Max
strategy	3. 235	2. 240	0	19
capital	643. 2	2158	0	23512
capexp	1474	3394	0	37985
rev	24512	44891	0	511729
emp	61. 74	148. 0	0	2300
rd	619. 0	1723	0	14726

1.5　结果与讨论

1.5.1　基准回归

基准回归结果呈现在表 1 - 3 中［为进一步缓解由于变量度量而造成的异方差问题，本书对企业的碳排放强度变量进行了 1% 分位数以下和 99% 分位数以上的缩尾（Winsorize）处理］。对回归模型进行方差膨胀因子（VIF）检验显示，本书的核心解释变量以及所有的控制变量的 VIF 都小于多重共线性的临界标准 10。第（1）列与第（2）列是未控制年份虚拟变量的情况下，企业在生产运营的过程中应用 ICP 与否与企业的基于收入的碳排放强度和人均碳排放强度。而控制了年份虚拟变量的回归结果则呈现在第（3）列和第（4）列。对比前四列可以看出，无论是否控制年份与行业的虚拟变量，企业是否应用 ICP 与企业的碳排放强度之间都存在负相关关系，并在 1% 的水平上显著。由于我们发现碳排放强度数据存在删截现象，故本书还采用面板 Tobit 进行回归，面板 Tobit 回归结果呈现在表 1 - 4 中。从表第（1）、第（2）列可以看出，更换回归方法后，所得结论与面板 GLS 的回归结果基本一致。为了缓解模型内生性，本书进一步在模型中加入解释变量的滞后一期，构造动态面板。此处的考虑是现在的行动可能会对明年的碳排放产生影响，或者现在的排放强度可能会对企业明年是否采取 ICP 产生一定影响。加入了滞后一期解释变量的回归结果呈现在表 1 - 4 的第（3）、第（4）列中，回归结果与基准回归结果仍然一致，ICP 变量与企业的碳排放强度呈显著负相关关系。可见，企业应用 ICP 能够降低企业的碳排放强度。企业应用 ICP 之所以可以降低企业的碳排放强度，减少企业因温室气体的排放对环境产生的影响，一种可能的解释是在企业内部运用 ICP 策略会产生交易成本或超额排放费用，从而提高各部门的运营成本，进而影响部门绩效，为了抵消 ICP 对部门绩效造成的负面影响，各部门内会设法降低排放量，减少成本，最终降低整个企业的碳排放强度。另外一种可能是 ICP 方法的应用本身就以能持续激励员工采取减排行为作为基础，所以作为一种激励措施，适当奖励减排表现先进者，惩罚落后者，能在部门与员工之间形成竞争，表现为各部门为争取企业内最佳表现而降低碳排放量，最终降低企业的碳排放强度。

表 1 - 3　　　　　　　　　　　基准回归结果

	（1） RIN1	（2） EIN1	（3） RIN2	（4） EIN2
icp	- 0. 317 *** （ - 5. 04）	- 0. 315 *** （ - 5. 08）	- 0. 210 *** （ - 3. 03）	- 0. 245 *** （ - 3. 68）
控制变量	是	是	是	是
年份虚拟变量	否	否	是	是
N	2290	2280	2290	2280
R^2	0. 0168	0. 0184	0. 0584	0. 0466

表 1 - 4　　　　面板 Tobit 回归结果以及动态面板回归结果

	（1） Tobit1	（2） Tobit2	（3） lagRIN	（4） lagEIN
icp	- 0. 245 *** （ - 3. 20）	- 0. 248 *** （ - 3. 23）	- 0. 229 *** （ - 2. 81）	- 0. 274 *** （ - 3. 51）
控制变量	是	是	是	是
年份虚拟变量	是	是	是	是
N	2290	2280	1780	1773
R^2			0. 0682	0. 0553

　　注：括号内为 z 值；* 、** 、*** 分别表示在 10%、5% 和 1% 水平上显著；控制变量包括企业的规模、企业的总资本水平、企业的资本支出水平、企业的研发支出、企业所采取的减排措施的数量、企业是否加入了外部碳交易系统和企业是否购买了碳信用额度；限于篇幅，此处不在表格内呈现。下同。

1.5.2　内生性问题处理

1.5.2.1　工具变量处理联立偏误

本书的模型 1 通过使用面板回归的固定效应在一定程度上解决了企业个体异质性（遗漏变量）的问题，但该模型仍然可能存在内生性问题。在生产经营过程中碳排放强度较低的企业可能是本身气候意识较为先进的企业，这些企业往往可能更倾向于采用 ICP，因而存在联立性偏误。

本书尝试运用工具变量的方法缓解其中的内生性问题。具体而言，采用美国各年各州 $PM_{2.5}$ 浓度超过敏感人群标准（即 AQI for $PM_{2.5}$ reached "code orange" or above）的天数和各地区 $PM_{2.5}$ 污染空气质量指数作为 ICP 的工具变量。地区划分情况见图 1-1。采用这两个指标作为工具变量出于以下几点考虑。第一，这两个变量是美国企业管理者以及内部员工能够最直观和客观地感受到气候问题的两个变量，企业管理者对于气候问题严重性的感知能够影响他们是否在企业中应用 ICP，满足工具变量相关性的假设。第二，各州的气候恶化情况并不能直接影响企业的碳排放强度，故工具变量满足外生性假设。同时，以上两种工具变量满足数据的可获得性，数据皆来自美国环保署（EPA）官方网站。

回归结果汇报在表 1-5 中。第一列和第三列中的一阶段回归结果表明本书选择的工具变量与内生变量显著相关，满足相关性假设；第二列和第四列中的二阶段回归结果则显示企业应用 ICP 变量的系数符号为负，且显著，这与基准回归的结果一致。研究假说 1 再次得到了验证。

表 1-5　　　企业应用 ICP 与碳排放强度的工具变量回归结果

	EIN		RIN	
	一阶段回归	二阶段回归	一阶段回归	二阶段回归
icp		-0.766 ** (-1.98)		-0.932 * (-1.90)
days	0.003 *** (3.92)		0.003 *** (3.94)	

续表

	EIN		RIN	
	一阶段回归	二阶段回归	一阶段回归	二阶段回归
index	0.039 ** (6.43)		0.039 ** (6.42)	
控制变量	是		是	
N	2201		2213	
不可识别检验	41.807 ***		41.794 ***	
弱工具变量检验	25.505 *** [19.93]		25.544 *** [19.93]	
过度识别检验 p – value HansenJ	0.089		0.059	

注：＊、＊＊、＊＊＊分别表示在10％、5％和1％水平上显著；中括号里是 Stock – Yogo 检验在10％水平上的临界值。

此外，本书利用 LM 统计量进行不可识别检验，结果在1％水平上拒绝了"工具变量不可识别"的原假设；同时，根据 Cragg – Donald Wald F 统计量进行的弱工具变量检验也表明，在只有一个内生变量的情况下，该统计量的值大于 Stock – Yogo（2005）提供的10％水平上的临界值，因此，可以强烈拒绝工具变量弱的原假设。最后进行的过度识别检验中 HansenJ 值的 Pvalue 均大于0.1，满足外生性假设。综合上述检验，本书有信心推断所采用的两种工具变量是基本合适的。

1.5.2.2 倾向得分匹配处理自选择问题

本书进一步选择用倾向匹配得分的方法缓解可能存在的样本自我选择问题。具体而言，我们使用倾向匹配得分将使用 ICP 和未使用 ICP 的企业进行匹配。为了从 PSM 方法中获得科学的结果，最重要的问题是选择协变量，本书选择的协变量包括资本总额、资本支出、企业规模、企业总收入、ets、所在州 $PM_{2.5}$ 超过空气质量标准的天数、$PM_{2.5}$ 空气质量的协变量以及该企业初始年份的排放值。然后，使用匹配的样本估算基准方程。结果在表1-6和表1-7中列出。表1-6显示匹配后协变量差异的 t 值均小于临界值1.96，故不显著，认为协变量选取基本合适。加入了 ICP 和协变量的回归结果显示在表1－7中，可见ICP与碳排放强度仍然呈现显著负相关，基准回归的结果再次得到证实。

表1－6   一对一倾向得分匹配结果

variables	unmatched			ATT		
	treated	controls	difference t－stat	treated	controls	difference t－stat
capital	4.836	3.437	1.75	3.879	2.465	1.22
credit	0.357	0.140	2.20	0.363	0.363	0.00
emp	40.22	68.79	－0.65	35.79	31.40	0.30
ets	0.357	0.271	0.69	0.272	0.454	－0.78
rev	68833.488	23892.379	3.24	25109.076	33244.174	－0.29
days	5.714	6.515	－0.44	5.090	9.272	－1.15
index	10.033	10.072	－0.18	10.021	10.024	－0.01
lcap	8.006	6.134	4.70	7.559	7.565	－0.01
first	45332256	4353711	8.72	26275611.9	23442968.5	0.20

表1－7   引入协变量的回归结果

	RIN	EIN
ICP	－0.219 **	－0.242 ***
	（－3.18）	（－3.61）
控制变量	是	是
年份虚拟变量	是	是
N	2187	2182
R^2	0.301	0.371

注：括号内为t值；*、**、*** 分别表示在10%、5%和1%水平上显著。

1.5.3　稳健性检验

（1）替换因变量的度量方法

采用一级和二级碳排放总量除以企业的人均资本存量来重新定义企业的碳排放强度（CIN）。采用人均资本存量作为分母是因为人均资本密度在一定程度上能反映企业的生产效率以及运营和成长状况。一般来说，企业的人均资本密度越大，表明企业引入了更多的机器生产，企业成熟度越高。以人均资本存量作为分母可以更全面地反映企业的发展变化。回归结果汇报在表 1 - 8 的第（1）列，结果显示，在其他条件不变的情况下，企业生产运营中是否应用 ICP 与企业的碳排放强度负相关，且在 10% 的水平上显著，这更进一步验证了前文的回归结果。

（2）考虑碳排放总量

上文的碳排放强度度量了企业单位产出或人均碳排放情况，那么在应用 ICP 时是否也同时降低了企业的碳排放总量。为此，本书进一步将企业 2011—2018 年各年排放总量作为企业碳排放总量情况的度量。回归结果呈现在表 1 - 8 的第（2）列。结果发现，企业应用 ICP 不但可以降低企业的单位收入碳排放量与人均碳排放量，而且可以降低企业中的碳排放总量。

表 1 - 8　　　　　　　　　替换度量方式的稳健性检验

	（1） Total	（2） Cin
ICP	- 0. 137 ** （ - 2. 06）	- 0. 156 * （ - 1. 93）
控制变量	是	是
年份虚拟变量	是	是
N	2290	2196
R^2	0. 0401	0. 110

注：括号内为 z 值；*、**、*** 分别表示在 10%、5% 和 1% 水平上显著。

（3）考虑企业规模的影响

不同规模的企业生产运营中碳排放的情况各异，伴随着企业规模的增大，规模经济可能会提高企业能源或其他与碳排放相关要素的使用效率以此来降低企业的碳排放强度。经过对样本的观察和描述性统计，本书的样本企业大多为中大型企业，雇用人数较多。故根据样本特征，本书将雇用人数大于 200 人的企业界定为大型企业，并赋值为"1"，将雇用人数少于 200 人的企业界定为中小型企业，并赋值为"0"，再分别进行回归，结果汇报在表1–9中。结果表明，企业在生产运营中应用ICP与企业的碳排放强度显著负相关，这与上文稳健性检验的结果基本一致。只有在中小型企业应用ICP时，每单位收入的碳排放强度减少的效果不显著，这可能是由于应用ICP给中小型企业带来的成本影响了企业的收入，这样的效应可能在收入规模更小的中小企业中更加明显。收入的减少抵消了碳排放总量减少的效果，所以每单位收入的碳排放强度不显著。同时，本书还发现大型企业应用ICP的回归系数的绝对值大于中小型企业回归系数的绝对值，这表明规模较大的企业应用ICP能产生更大的减排效果。

表1–9 区分企业规模的稳健性检验

	(1) BigRIN	(2) SmallRIN	(3) bigEIN	(4) smallEIN
ICP	− 0.220 ** (− 2.02)	− 0.149 (− 1.47)	− 0.252 ** (− 2.38)	− 0.190 * (− 1.85)
控制变量	是	是	是	是
年份虚拟变量	是	是	是	是
N	1274	1016	1274	1006
R^2	0.0535	0.161	0.0573	0.143

注：括号内为z值；*、**、***分别表示在10%、5%和1%水平上显著。

（4）考虑企业成立年限的影响

一般而言，成立年限较短或者经历过技术改造的企业，在生产和管理上更为高效。例如，成立年限较短的企业倾向于采用更为先进的机器设备和技术进行生产，而先进的设备和技术一般来说都是环境友好型的。但是，成立年限较长的企业在环境和气候的监管方面更为严格，生产管理中的相关的制度也更为完善，并且对环境保护和气候改善的意识也更强，这或许也能降低企业的碳排放强度。本书根据样本企业成立年限的平均值（样本企业的平均成立年限为79.65年）将样本区分为两组，如果企业的成立年限低于平均成立年限，本书将其界定为成长期企业，而反之则界定为成熟企业，然后分别进行回归，结果汇报在表1–10中。回归结果表明，两组企业中企业是否应用ICP与企业的碳排放强度都呈现显著负相关关系。

本章表 1 – 1 的基准回归结果再次得到印证。

表 1 – 10　　　　　　　区分企业成立年限的稳健性检验

	（1） matureRIN	（2） growthRIN	（3） matureEIN	（4） growthEIN
ICP	– 0. 468 *** （ – 3. 51）	– 0. 819 *** （ – 5. 46）	– 0. 519 *** （ – 3. 96）	– 0. 734 *** （ – 4. 50）
_cons	5. 850 *** （9. 73）	3. 424 *** （4. 99）	4. 404 *** （8. 42）	2. 708 *** （4. 96）
控制变量	是	是	是	是
年份虚拟变量	是	是	是	是
N	1060	1180	1060	1180
R^2	0. 0922	0. 0691	0. 0714	0. 0388

注：括号内为 z 值；∗、∗∗、∗∗∗分别表示在 10%、5% 和 1% 水平上显著。

1.5.4　行业异质性分析

已有研究发现，在不同的行业中，对不同的企业应用某种环境或气候相关外部政策，或者企业参与某种环境或气候相关内部活动所带来的影响都表现出了明显的差异（Böhringer et al. , 2017；Brännlund et al. , 2014；Liu et al. , 2017；Ruth et al. , 2000；Sarasini, 2013；Zhao et al. , 2019）。而 Markus 等（2020）发现，高温冲击会对某些行业的企业收益产生负面影响，尤其是电力设施、休闲产品、建筑和工程、资本市场、燃气设施和机械这六个行业。根据联合国政府间气候变化委员会（IPCC）的分类，这六个行业中的四个（电力、建筑和工程、燃气和机械）属于高排放行业。为探究不同性质的企业在生产运营过程中应用 ICP 所带来的影响是否存在差异，本书进行如下行业异质性分析。

从企业资本密集程度来看，不同行业在生产过程中使用的资本密集程度存在差异，例如，为了保障产品的品质，在精密电子产品或航天设备制造行业的生产过程中会更多地采用自动化设备进行生产，而在劳动密集型行业中，企业可能更倾向于采用人力劳动替代资本进行生产。为此，本书参照戴觅等（2014）的分类方法，将样本企业分为资本密集型、劳动密集型和中间行业三个类别，并将中间行业作为参照组。然后将企业是否应用 ICP 变量与资本密集型、劳动密集型两个虚拟变量进行交互（ICP × capital、ICP × labor）。结果汇报在表 1 – 11 中的第（1）、第（2）列。结果表明，在其他条件不变的情况下，企业应用 ICP 的变量系数都在 5% 水平上显著为负。同时，本书还发现，相对于中间行业，应用 ICP 的变量与资本密集型行业、劳动密集型行业的交互项系数都为负，且显著，这表明相对于中间行业而言，资本密集型和劳动密集型的企业在生产运营的过程中运用 ICP 可能获得更佳的效果。

从企业高低能耗来看，本书将化学、公共电力、油气等 8 个传统制造业定位为高耗能企业，并赋值为 1，否则则为低耗能企业，并赋值为 0，然后将能耗高低的虚拟变量与企业应用 ICP 的变量交互（ICP × high）。回归结果显示在表 1 – 10 的第（3）、第（4）列，结果依然表明企业应用 ICP 与企业的碳排放强度显著负相关，同时企业应用 ICP 变量与高耗能企业虚拟变量的交互项系数为负，且显著，这意味着企业应用 ICP 带来的碳排放强度的下降，在不同能耗的行业中可能存在差异。对于高排放行业来说，运用 ICP 带来的减排效果更为显著。

表 1 – 11　企业应用 ICP 影响企业碳排放强度的行业异质性检验

	（1）资本密集程度 RIN	（2）资本密集程度 EIN	（3）能耗高低 RIN	（4）能耗高低 EIN
ICP	− 0.135 ** （− 2.12）	− 0.128 ** （− 2.12）	− 0.674 *** （− 3.92）	− 0.611 *** （− 3.41）
ICP × capital	− 0.232 ** （− 2.21）	− 0.230 ** （− 2.25）		
ICP × labor	− 0.334 ** （2.24）	− 0.314 *** （− 2.81）		
ICP × high			− 0.460 ** （− 2.55）	− 0.391 ** （− 2.10）
控制变量	是	是	是	是
年份虚拟变量	是	是	是	是
N	2345	2345	2340	2340
R^2	0.0731	0.0353	0.0713	0.0365

注：括号内为 z 值；* 、** 、*** 分别表示在 10%、5% 和 1% 水平上显著。

1.5.5　碳排放强度影响机制检验

"波特假说"假设严格但灵活的环境法规可能为技术变革提供动力

（Cohen 和 Tubb，2018；Jaffe et al.，2002；Porter 和 Linde，1995）。所以本书提出假设，企业应用 ICP 之所以可以产生减排效应，是由于生产运营中应用 ICP 产生了技术改进的促进效应。本书认为，这种效应将通过支持企业提高对研发的投入，促进企业技术进步和设备更新而产生。本书将通过构建中介效应模型对上述影响机制进行检验。

企业应用 ICP 对每单位收入的碳排放强度和人均碳排放强度的中介效应检验结果汇报在表 1-12 中，对于企业应用 ICP 所引致的研发投入提高效果，表 1-12 的第（1）和第（4）列第一步检验结果表明企业应用 ICP 变量的系数为负，并在 1% 的水平上显著，这意味着应用 ICP 对企业碳排放强度的影响存在中介效应。在第（2）、第（5）列的第二步依次检验中，本书发现应用 ICP 变量对中介变量作用显著，这表明，企业通过 ICP 的应用提高了企业对开发新技术以降低内部碳成本，从而提高碳排放量的意识。在人均碳排放的中介效应的检验第三步中，发现中介变量（rd）的系数不显著（每单位收入的碳排放强度检验中中介变量系数显著，从而直接进行第四步），本书继而采用 Bootstrap 法检验中介效应是否显著，结果接受原假设，这表明中介效应不显著显著，即应用 ICP 将通过提升企业在研发方面的投入、支持生产技术和机器设备的更新来降低每单位收入的碳排放强度，而这种中介效应对于人均碳排放强度来说并不显著。这可能是由于在研发方面增加投入可能会提高企业的经营效率或增加企业的管理费用，从而对企业的收入产生影响，并影响每单位收入的碳排放强度。而这种效果可能对企业的员工规模影响较小，所以对人均排放强度的影响并不突出。第四步和第五步检验表明，每单位收入的碳排放强度的 $\varphi \times \psi$ 的系数符号与 β' 的符号一致且显著，这意味着中介变量存在着部分中介效应，这意味着，企业在生产运营过程中应用 ICP 不仅能直接影响企业碳排放强度，还能通过促进企业加大对研发（可能是绿色产品或可再生能源，也可能是降低碳排放的技术，或是能源使用效率高的新设备）的投入来帮助企业降低碳排放强度。根据第五步，本书的检验结果还表明，由 ICP 应用引致的研发投入的中介效应占总效应的比例分别为 3.34%。

表1-12　　　　　企业应用ICP影响碳排放强度的机制检验（rd）

	RIN			EIN		
	（1）	（2）	（3）	（4）	（5）	（6）
icp	-0.317***	83.74*	-0.324***	-0.322***	99.244**	-0.327***
	（-5.04）	（1.71）	（-5.21）	（-5.16）	（1.98）	（-5.29）
rd			-0.0000863***			-0.0000486
			（-2.90）			（-1.18）
控制变量	是	是	是	是	是	是
年份虚拟变量	是	是	是	是	是	是
Bootstrap test						-0.408
						（-1.59）
N	2290	2290	2290	2290	2290	2290
R^2	0.0148	0.0605	0.0168	0.0374	0.136	0.0365

注：括号内为z值；*、**、***分别表示在10%、5%和1%水平上显著。

在该结果的基础上，我们继续考察了企业增加的研发投入是否真正用于低碳相关业务。考虑到数据的可获得性，本书进一步采用2018年各企业来自低碳产品的收入占总体收入的百分比作为中介变量，做了2018年横截面数据的回归。来自低碳产品收入的百分比能够在一定程度上反映企业在低碳产品上的投入，回归结果见表1-13。结果表明，来自低碳产品的收入在ICP对碳排放强度的影响中的中介作用显著，说明ICP能够通过增加企业的研发投入，特别是在低碳产品研发上的投入来降低企业的碳排放强度。

表1-13　　企业应用ICP影响碳排放强度的机制检验（products）

	RIN		
	（1）	（2）	（3）
icp	-1.3775***	17.682**	-1.340***
	（-4.70）	（4.28）	（-4.43）
products			-0.0021*
			（-1.78）

续表

	RIN		
	（1）	（2）	（3）
控制变量	是	是	是
年份虚拟变量	是	是	是
N	323	323	323
R^2			

注：括号内为 t 值；*、**、*** 分别表示在 10%、5% 和 1% 水平上显著。

此外，本书还考察了企业使用的 ICP 是否能通过改善企业的能源使用结构来降低碳排放量。本书以企业的清洁能源使用量除以传统煤基能源使用量作为企业能源使用结构的度量，但是在检测过程中发现第二步不显著，即 ICP 并不能促使企业改善能源使用结构。目前大部分企业仍然以传统的煤基能源为主要燃料。

1.6　主要结论与启示

美国许多大型公司都表示支持包括碳定价在内的国家气候变化计划，因此用 ICP 减少公司碳排放的有效性是一个重要的话题。这项研究的重点是早期实施 ICP 的公司是否真正能通过 ICP 来节能减排。基于 CDP 提供的 2011—2018 年企业环境气候披露调查数据，本书采用面板回归的固定效应模型、面板 Tobit 和动态面板回归等模型方法实证检验了美国 500 家上市公司在生产运营中运用 ICP 对碳排放强度的影响。研究发现，整体而言，在其他条件不变的情况下，在企业的生产运营中使用 ICP 能显著降低企业的碳排放强度，这意味着，将企业的生产运营过程与 ICP 的融合纳入发展战略，不仅能通过竞争等方式倒逼各部门和员工减少碳排放，更能为员工提供一种新的低碳选择，提高员工的低碳意识，从而减少企业的碳排放强度。稳健性检验表明，本书的回归结果不随着估计方法和变量度量的方式改变而改变，也未因为样本企业的行业属性、资本密集度、规模大小和生命周期而异。本书的影响机制分析中提出的企业应用 ICP 引致的技术改进的促进效应，通过提高企业的研发投入，尤其是在绿色产品研发上的投入，支持企业的生产技术和机器设备更新产生中介作用，并且这种中介效应占总效应的比例为3.34%（每单位收入二氧化碳排放量）。

本书的研究结论对企业经营管理和政府政策制定提供了如下启示：一是生产经营中应用ICP能促使组织日常经营方式发生变革，提升管理效率，为企业带来低碳红利。企业应充分认识这一点，在企业管理中通过应用ICP，实现效率经营和低碳经营的融合，提高管理效率，降低企业能耗。二是企业内外部均应重视ICP对供应链的整合。对内应利用ICP，严格管理生产经营过程的各个环节，从每个环节抓起，利用ICP严格监管排放源头，以促进低碳表现。对外应鼓励骨干企业探索利用ICP与ETS相结合建立低碳体系。具体来说，可以引导应用ICP更容易获得更好环境绩效的大型企业运用ICP和ETS，通过开发并销售低碳商品、购买低碳能源或加强低碳投资等方式，整合产业链上下游低碳企业，促使生产价值链向生态产业链转变。三是政府应可以采取ICP试点政策，鼓励行业内的试点企业采取ICP，进一步观察ICP的运用效果，在行业内形成标杆。在具体的推进过程中，应总结典型企业的实施经验和成熟的方法，然后逐步向众多中小型企业辐射推广，以降低战略实施的成本和风险。四是在政府政策扶持方面，由于企业在实施ICP初期可能会产生运营成本上升的风险，因而各政府可以通过设立ICP扶持基金的方式，加大对采取ICP来减少排放的企业的支持力度。同时，由于ICP可以通过提高企业的研发投入、促进技术进步来减少排放，在工业节能领域，政府更应该通过设立专项资金的方式，加大对制造业企业ICP的支持力度，这不仅有助于企业生产技术的进步，而且还能促进企业向清洁生产方式和绿色制造模式转变，最终走上高质量发展之路。

公司可以通过多种方式实施ICP。方案的设计将影响其对减少碳排放的影响。如果一项将碳税用于资本支出的政策将支出从一种传统选择转移到另一种碳密集程度稍低的选择上，可能收效甚微。例如，企业在决定如何更换车队中的车辆时，使用ICP的公司可能会改用燃油效率稍高的车型，但是如果从化石燃料、内燃机中选择，那么碳减排收益将是微不足道的。ICP能给企业带来的具体效用，还要取决于所应用ICP的科学程度，比如碳价的水平高低以及对超额碳排放进行惩罚或对较低碳排放进行奖励的程度。如何设定内部碳价水平，具体如何应用 ICP，这是本书所没有涉及，且学术界需要继续深入研究的。

据我们所知，目前为止，这是第一项使用 CDP 2011—2018 年的面板数据研究 ICP 有效性的研究。由于气候问题全球各个国家都是紧密相连的，且 ICP 的研究理论框架以及研究范式都具有全球共通性，与此同时，美国的大型企业在行业内大多是标杆企业，所以对于美国企业的研究不仅对美国企业和美国政府，更是对全球范围内的企业都有参考价值。日后，当可获得更长样本时间的数据以及有关实施的更多详细信息时，我们可以进行进一步的研究。企业的 ICP，可以明确什么才是可用于减少公司碳排放和应对气候变化的有效方法。这项研究不仅会对未来企业战略产生重要影响，还可能对未来最有效的全球气候变化政策产生重要影响。

附录：

附表 1－1　　样本中各行业企业数量以及运用 ICP 的

企业数量及其在总体样本中的占比

行业	样本企业数量（家）	2011—2014 年运用 ICP 的企业数量（家）	2015—2018 年运用 ICP 的企业数量（家）	2011—2014 年占比（%）	2015—2018 年占比（%）
1. 电子器件与通信	61	2	5	3.28	9.84
2. 工业制造业	55	2	4	3.64	7.27
3. 公用电力	33	6	18	18.18	54.55
4. 航天航空	7	1	3	14.28	42.86
5. 建筑建造	4	0	0	0.00	0.00
6. 金融与房地产	78	2	7	2.56	8.97
7. 金属采矿	18	0	2	0.00	11.11
8. 旅游贸易	16	0	1	0.00	6.25
9. 农林针织	28	0	1	0.00	3.57
10. 批发零售	33	0	0	0.00	0.00
11. 商业服务	38	1	3	2.63	7.89

续表

行业	样本企业数量（家）	2011—2014 年运用 ICP 的企业数量（家）	2015—2018 年运用 ICP 的企业数量（家）	2011—2014 年占比（%）	2015—2018 年占比（%）
12. 生物化学	50	3	10	6.00	20.00
13. 食品饮料	29	0	3	0.00	10.34
14. 运输业	28	0	3	0.00	10.71
15. 油气	19	4	8	21.05	42.10
16. 无法归类	3	0	1	0	33.33
总计	500	21	69	4.20	13.80

附表 1 – 2　　　　样本中各行业企业的平均总排放量，

平均总收入，平均职工人数和平均成立年限

行业	平均总排放量（吨二氧化碳当量）	平均总收入（百万美元）	平均职工总人数（人）
1. 电子器件与通信	5112991	25179.86	63.43
2. 工业制造业	4999039	24659.98	62.23
3. 公用电力	36900350	10240.15	11.91
4. 航天航空	25011691	35529.34	133.84
5. 建筑建造	1323362	47398.84	202.96
6. 金融与房地产	294733	24707.28	42.96
7. 金属采矿	7394113	10792.12	25.98
8. 旅游贸易	1275101	32323.94	65.03
9. 农林针织	2157813	11354.24	32.21
10. 批发零售	1980634	56516.22	251.69
11. 商业服务	600911	14753.09	54.71
12. 生物化学	2540211	17752.73	37.43
13. 食品饮料	1829102	16879.98	39.27
14. 运输业	4247630	43608.31	106.79
15. 油气	23095387	55988.22	31.34
16. 无法归类	5035861	88513.13	222.46

附表 1 - 3　样本中各行业企业的碳排放强度和平均使用的减排方法数量

行业	每单位收入排放强度（吨二氧化碳当量）	人均排放强度（吨二氧化碳当量/全职员工）	平均采用的减排方法数量（个）
1. 电子器件与通信	360.08	184524	3.25
2. 工业制造业	35.76	12330	3.22
3. 公用电力	3859.497	3431656	4.62
4. 航天航空	785.27	304053	4.52
5. 建筑建造	19.57	4450	4.75
6. 金融与房地产	43.75	128509	2.87
7. 金属采矿	540.02	303478	3.87
8. 旅游贸易	122.45	16600	3.11
9. 农林针织	160.76	65942	3.26
10. 批发零售	46.35	7847	2.99
11. 商业服务	107.23	30890	3.38
12. 生物化学	245.01	129509	3.59
13. 食品饮料	99.84	63755	3.39
14. 运输业	191.42	69879	3.52
15. 油气	583.21	2075036	3.33
16. 无法归类	83.33	27786.31	2.86

第 2 章 环境规制、环保投入对中国企业生产率的影响研究

2.1 问题的提出

工业化国家的发展经验表明，任何国家在工业化进程中都要付出一定的环境代价。但随着经济发展程度的不断提高，人们会越来越重视对环境的保护。近年来，中国政府相继制定了 9 部环境保护法律、50 多部环境行政法规等一系列环境规制的法律和法规。同时，在"十一五"期间又把主要污染物的减排纳入了约束性指标进行考核，实践也表明，实行主要污染物总量控制，中国不仅有效地控制了污染物总量的排放，而且改善了环境质量。因此，继续实行严格的环境规制计划，提高执法力度，将有可能使我国在人均不到 3000 美元的时候实现经济发展与环境保护相协调。正如金碚（2009）所说"加强政府的资源环境规制并提高规制有效性，是现阶段中国工业化进程中的一个极为重要的问题"。

从经济学的角度看，实施环境规制其实质是要把企业负外部性内部化，由此会产生以下疑问。环境规制强度的提升对企业的绩效产生了什么样的影响？环境规制与企业生产率是否可以"双赢"？事实上，对这些疑问的回答不仅对评估现有环境规制政策、判断现行环境规制政策的有效性具有重要意义，而且还会为政府制定相关产业政策提供参考依据。因为环境规制对企业的影响程度及大小不仅反映了规制政策的有效性，同时也反映了被规制企业应对规制措施的有效性，以及转化规制带来的不利影响的

能力和水平。

国内外不少研究者从行业或地区层面对环境规制政策及其影响进行过理论和实证研究（Jaffe et al. , 1995；Alpay et al. , 2002；Brännlund，2008；白雪洁等，2009；张成等，2011；李钢等，2010），但从微观企业层面对该问题进行研究还刚刚起步。本书尝试从企业层面对环境规制与生产率的关系进行研究，因为通过生产率的提升来提高我国工业竞争力是未来我国工业发展的基本主题之一，而减少污染、走可持续发展之路又是我国工业发展的基本要求，可以说，从企业层面研究环境规制与生产率是研究中国工业发展问题的基础问题之一。

在国内外相关研究的基础上，本书的研究试图从三个方面弥补这些文献不足：一是立足于中国企业的微观层面来研究环境规制、环保投入与生产率的基本关系，并探讨环境规制与企业生产率"双赢"的机理，评价现行环境规制政策的效果，为宏观层面环境政策的制定提供微观证据，这是行业或省际加总数据无法做到的；二是研究中使用不同口径计算的生产率，在解决了异方差和多重共线性等问题的基础上，进一步通过工具变量法纠正了可能存在的内生性问题，保证了研究结论的可靠性；三是使用微观企业数据，可以观测企业本身的效率特征与环境规制、环保投入的关系，这可能是制定更为有效的环境规制政策的着力点。

本章结构如下：第二部分梳理了对环境规制与生产率关系的相关争论和经验证据；第三部分分析了环境规制与生产率关系的内在机理，提出本章的理论假设；第四部分说明了变量选取、数据来源及模型建立；第五部分是计量结果与分析；最后一部分是本章的主要结论及相应的政策含义。

2.2　理论机制与研究假设

有关环境规制与生产率的关系，在理论研究方面，相关文献可以归纳为三个假说，即"制约假说""波特假说"和"不确定性假说"。其中，"制约假说"认为环境规制需要企业投入相应的资本来降低污染，这会增加企业的负担，从而影响企业生产效率。"波特假说"则将动态创新机制引入分析框架，提出通过"创新补偿"和"先动优势"，可能会出现环境规制与企业生产率的"双赢"（Porter，1991；Porter 和 Linde，1995；Ambec 和 Barla，2002）。"不确定性假说"认为影响环境规制与生产率的关系的因素存在不确定性，而且实施环境规制的时机选择也具有差异性，这将导致环境规制对企业生产率的影响具有不确定性（Barbera 和 McConnell，1990；Wagner，2004；张嫚，2004；张红凤，2008）。

实证方面的研究，多以发达国家尤其是以 OECD 国家为研究对象。依据上述三个假说，相关实证文献也可以大致为三类：

1. "制约假说"的前提是将企业负外部性内部化

从企业的成本角度看，在企业技术资源条件不变的情况下，将增加企业的生产成本，进而影响企业生产率。Gray（1987）对 20 世纪 70 年代美国制造业部门进行研究后，发现这一时期制造业部门生产率下降的 30% 由美国环境保护局的规制造成的。Jaffe 等（1995）在对环境规制与美国制造业竞争力之间的关系进行检验时，发现环境规制引发了"挤出效应"（Crowing – Out Effect），即为了满足环境规制要求，企业在此方面投入的财力、人力和技术资源不会产生直接的生产价值，反而挤占了企业在其他方面的投资，最终妨碍了企业生产率的提高。Gray 和 Shadbegian（1995）使用美国造纸业、炼油业和炼钢业三个产业的数据进行研究，发现反映规制严格程度的企业污染治理成本与生产率之间存在负相关关系，还发现为满足环境规制要求花费的成本与企业的生产率水平与增长水平也都存在负相关性。

2. 自"波特假说"被提出后，国内外许多研究者对这一假说进行了检验

研究主要围绕行业层面数据进行。Berman 和 Bui（2001）对洛杉矶的冶炼业进行研究后，发现 20 世纪 80 年代晚期以来，尽管对空气污染的控制强度在不断提高，但该地区冶炼业的生产率比美国其他地区的冶炼业有较高的生产率，这意味着污染控制投资提高了生产率。Hamamoto（2006）使用日本制造业数据进行研究，发现环境规制的压力能刺激产业的创新活动，从而对全要素生产率具有显著的正向推动作用。还有一些研究者对发

展中国家是否也出现"双赢"进行了检验。Alpay et al.（2002）在研究墨西哥食品加工业时，发现 20 世纪 90 年代晚期以来，面临不断加强的环境规制，该国食品加工产业的生产率是在不断增长的，他们估计环境规制强度每提高 10%，会引致生产率增长 2.8%。Murty 和 Kumar（2003）对印度的研究也表明企业的技术效率随着环境规制的严格而提高。

关于中国的实证研究主要在地区和行业层面。白雪洁和宋莹（2009）对 2004 年中国省级火电行业的环境规制进行分析，发现环境规制相对非规制有利于中国各地区火电行业的技术效率提升（这符合"波特假说"），即合理的环境规制可以激发技术创新、规模改造，最终赢得效率提升。张成等（2011）对 1996—2007 年中国工业部门全要素生产率与环境管制及强度的关系进行的研究，发现环境规制及其在给企业带来一定"遵循成本"的同时，也能够激发"创新补偿"效应，并且这种效应大于企业的"遵循成本"，但这种关系在地区之间存在差异。从长远来看，环境规制及强度和生产率可以实现"双赢"。

3. "不确定性假说"对研究行业或企业异质性对环境规制与生产率的关系影响提供了崭新的视角

Brännlund（2008）使用瑞典 1913—1999 年制造业部门数据，发现环境规制和生产率增长的关系不显著，他认为可能的原因是生产率增长与环境规制事实上就是无关的，也可能是研究中使用的测度环境规制的变量没有真实地反映出环境规制强度。解垩（2008）对 1998—2004 年中国省际工业生产率与环境规制关系的研究，发现增加污染投资和减少工业 SO_2 排放对工业生产率没有明显的影响，可能是由于它们对生产率的两个组成部分的影响相抵消所致。傅京燕和李丽莎（2010）认为环境规制与我国各行业的国际竞争力呈 U 形关系。在拐点之前，环境规制会起到负面作用，此后则会促进比较优势的形成，这主要受企业或行业异质性因素的影响。针对实证上出现的不一致，Telle 和 Larsson（2007）认为这可能是因为研究者使用的数据和研究方法造成的。本书将以中国企业为研究对象，重点分析我国企业在环境规制与生产率之间的关系，并研究环境规制对生产率的影响机制，进而解释在环境规制约束下，企业为应对规制而采取的行动及差异的原因，这不仅对评估现行环境规制政策提供实证方面的依据，而且可以为未来产业政策的调整提供参考。

综合以上文献，本书认为，环境污染是在企业生产过程中产生的一种废物，反映了资源利用的低效率。采取恰当的环境规制可以引导企业进行创新，从而促使企业寻找提高资源利用效率的新方法来减少这种废物的排放，或者环境规制将引导企业去寻找将废物变为可销售产品的途径来提高企业的销售收入，这就是所谓的"创新补偿理论"。同时，环境规制强调不同产品的特性，在社会环境意识日益提高及有效环境规制下，企业通过率先采用环境友好措施，如改进生产过程与产品环境性能、开发新产品或新生产技术，并率先将这样的产品或技术引入市场，可捷足先登，优先于其他竞争者在市场中获得更多"货币投票"，即获得"先动优势"（Porter 和 Linde，1995）。如 20 世纪 70 年代，日本汽车业受日本《防治大气污染法》颁布的影响，严格限制汽车排气，随后日本汽车在美国市场获得了飞跃发展。再如，近年来油电、油气混合汽车受到广泛关注，企业开发这种技术的动机并非在于个别地、具体地对应环境规制措施，而是因为它们意识到公众对加强环境规制措施具有长期、普遍的倾向，为了在以这种倾向为前提的市场中确立自己的竞争优势，企业主动进行的研发。根据以上分析，本书提出：

假设 1：环境规制与中国企业生产率存在正向关系。

不可否认，当企业面临较强的环境规制时，企业将投入较多的资金在污染治理上，即污染治理成本和资金投入随着环境规制强度的提高而增加，而这可能会产生"挤出效应"（挤占了企业在其他方面的投资），从而给企业的经营绩效带来一定负面影响。但是，从动态的角度看，在环境规制强度提高时，企业可以通过内部挖潜与技术创新来应对由于环境规制标准提高而增加的成本（李钢等，2010），也即通过"创新补偿"机制会抵消甚至超过由于环境规制强度增大给企业经济绩效带来的不利影响。目前，已经有越来越多的企业意识到"即使没有环境规制也要采取应对措施""如果有可能，要采取超越环境规制标准的应对措施"，由此自发地采取积极的环境对策。那么，随着中国环境规制强度的提高，"先动优势"将进一步激励企业对环保技术创新的投入，这最终又能转化为企业的生产率的提高。根据以上分析，本书提出：

假设2：环境规制的强度与中国企业生产率也存在正向关系，并且规模越大，环境规制对生产率的影响也越大。

环保是企业未来竞争优势的重要来源（金碚，2009），企业将环境成本内化的战略不仅是企业适应社会环境保护现状的要求，更是企业在以实际行动履行其社会责任。对社会公众而言，若某企业能比其他企业更好地承担社会责任，那么在进行消费时，可能会首先选购该企业的产品，最终企业的竞争力在无形中得到提高。因此，在面临环境规制压力时，那些较先采取了先进环保技术或主动控制污染排放的企业（这些企业将对环保设备进行投资）将更可能会获得包括创新优势、效率优势和先动优势等一系列的竞争优势，而这些优势的获得将提高企业的生产率。根据以上分析，本书提出：

假设3：随着环境规制强度的提高，企业会增加对环保的投入，并与生产率存在正向关系。

2.3　研究设计

1. 变量设计

（1）因变量

对企业生产率指标的选择一直是相关研究的难点。虽然测算企业层面的生产率的方法也有多种，但是，不同国家所处的经济发展阶段、发展模式、制度差异以及数据来源的局限性，不同测算的方法具有不同的适用性。考虑到中国所处的经济体制转型阶段且作为发展中大国的双重背景，我们所选择的测算企业全要素生产率的方法，必定要切合处于特定转型背景下的中国企业的实际特点。国内学者常用的生产率的测算方法主要有两种：随机前沿分析法（SFA）和数据包络分析法（DEA）。这两类方法各有自己独特的优点，为保证本书的实证研究的可靠性，我们使用了两种方法分别对企业生产率进行了测算。在测算中，我们以企业从业人员平均人数和企业固定资产净值年均余额分别表示劳动（L）和资本（K）投入，以产品销售收入表示产出。

（2）解释变量

①如何测度环境规制是研究中最需要注意的一个问题。选择恰当的测度环境规制的指标在很多情况下，对经验研究结果有显著的影响（Mulatu et al.，2001）。考虑到中国环境保护的实际问题主要是"有法不依"（即环境规制执法强度需要提高）的问题，而不是"无法可依"（即环境规制标准强度需要提高）的问题（李钢等，2010）。且在调查问卷中有如下问题：政府对企业环保检查__次/年？据此，我们使用政府环保检查次数作为环境规制（FRE）的代理变量。②对环境规制强度的度量，一般可以用企业对污染控制的努力程度、承受的成本和直接测量三个方面进行衡量（Levinson，1996），在调查问卷中有这样的问题：在2005年，企业在环保方面的运营费用（包括监控、审计、交纳规费、罚款等）是多少？据此，我们使用2005年企业在环保方面的运营费用作为环境规制强度（REGU1）变量。③对环保投入的度量，在问卷中有这样的问题：在过去三年中，企业在环境保护方面的设备（即"三废"及降低噪声的设备）投资是多少？据此，我们用过去三年在环保方面的投资代理环境投入（RGEU2）变量。这样做的好处是这个变量是过去三年的环保投入，从而便于我们考察过去的环保投入对企业生产率的滞后效应。

（3）控制变量

在考察企业生产率相关的因素时，还应控制一些与企业生产率紧密相关的变量。综合相关的理论和本书所使用的数据，我们选择以下指标作为控制变量：①人力资本（HUM）。人力资本反映了企业在技术、管理和生产组织等方面的综合实力，人力资本越强的企业，其生产率也越高，在问卷中有：企业员工中，大学（及以上）学历的员工占员工总数的比例问题，我们以此来衡量企业人力资本。②出口（EXP）。出口与企业生产率之间的关系并不是十分确定，存在"出口中学习效应"和"自我选择效应"的争论，但有研究表明通过"出口中学习效应"可以使企业生产率得到提高，我们使用企业2005年产品/服务销售中出口占总销售额的比例来衡量出口指标。③规模因素（SIZE）。因为规模经济因素，企业规模是导致企业生产率异质性的主要来源之一，越是具有生产效率的企业其规模应该越大。我们的研究按照企业员工的数量设置了相应的虚拟变量。④市场力量（MAR）。一般而言，越是具有较高的生产率，企业在行业中的市场份额就越高，我们以企业主要产品所在"市场的竞争程度"来反映企业的市场力量。⑤地理位置（REG）。企业所处地理位置在很大程度上决定了企业的交通条件、信息和技术获取能力、获得中间投入品和其他生产要素的能力，甚至极大地影响着企业的市场竞争意识，从而会对企业的效率产生很大的影响。

考虑到企业的所有制类型特征差异，在计量模型中，我们还加入了企业是否为外商投资企业、港澳台企业、民营企业以及国有企业的虚拟变量（OWN），采用分组的虚拟变量形式，以国有企业为基准组，考察企业的所有制差异对于效率的影响效果。除以上刻画单个企业特性的变量外，我们还控制了企业所处的行业（IND）（2 分位）以及企业所在城市（CITY）两组虚拟变量，分别以采掘业和北京为基准组，以此考察不同行业、不同城市之间与企业生产率之间不可观察的因素，以上相关变量定义如表 2 - 1 所示。

表 2 - 1　　　　　　　　　　变量界定及定义

	变量	符号	定义
因变量	生产率	EFF	使用 DEA 和 SFA 方法计算得出的企业生产率
解释变量	环境规制	FRE	政府环保检查次数/年
	环境规制强度	REGU1	2005 年企业在环保方面的运营费用（万元）
	环保投入	REGU2	企业过去三年在环保方面的设备投资额（万元）
控制变量	人力资本	HUM	大学及以上学历员工占员工总数的比例
	出口	EXP	产品/服务销售中，出口占总销售额的比例
	企业规模	SIZE1	小型企业为基准组，中型企业取 1，其他取 0
		SIZE2	小型企业为基准组，大型企业取 1，其他取 0
	市场结构	MAR1	竞争激烈为基准组，竞争适中取 1，其他取 0
		MAR2	竞争激烈为基准组，竞争低取 1，其他取 0
	行业	IND1	制造业取 1，其他取 0
		IND2	电力煤气及水的生产和供应业取 1，其他取 0
	所有制	OWN1	国内私营企业取 1，其他取 0
		OWN2	港澳台企业取 1，其他取 0
		OWN3	外资企业取 1，其他取 0
	地理位置	WEST	东部为基准组，西部取 1，其他取 0
		CENT	东部为基准组，中部取 1，其他取 0
	所在城市	CITY	以北京为基准组，企业所处城市取 1，其他取 0

2. 模型构建

借鉴前文所总结的文献中环境规制与企业生产率的关系的分析，在尽可能考虑到计量模型可能的变量遗漏和多重共线性这两个问题基础上，并且重点考虑到中国企业所处于的转型背景，以及我们样本数据的实际特点，我们采用如下计量模型：

$$EFF_i = \beta_0 + \beta_1 FRE + \beta_2 REGU1_i + \beta_3 X_i + \varepsilon_i \quad (1)$$

$$EFF_i = \alpha_0 + \alpha_1 REGU2_i + \alpha_2 X_i + \mu_i \quad (2)$$

其中，i 表示不同的企业，X 表示前文中的一系列控制变量，μ 和 ε 表示随机误差项。需要说明的是，我们的因变量使用了两种不同的 EFF_i，对使用 SFA 法测算的企业生产率，其反映的是一个企业在特定投入规模下与最大产出之间的差距，那么在回归中，如果变量的系数为负，则恰恰说明效率提高了。

3. 数据来源说明

本书使用的数据源于世界银行和国家统计局进行的一次工业企业调查，具体而言，本书使用的数据来自两个方面：一是国际金融公司（IFC）委托北京大学中国经济研究中心进行的一项关于企业社会责任的调查，该调查在 2006 年春对全国 12 个城市的 1268 家企业进行了问卷调查，具体而言，样本城市为（从北向南）长春、丹东、赤峰、北京、石家庄、西安、淄博、重庆、十堰、吴江、杭州和顺德。调查问卷的内容涉及劳动保护、环保管理、市场环境、政府监管等方面。为了保证样本代表了真实的企业分布状况，调查按各样本城市中每类企业的份额来抽取企业。在样本中，68.7% 是国内私营企业，其余三种类型的企业大致各占 10%。调查的企业是从一个年销售额大于 500 万元的企业中随机抽取的，这是因为国家统计局中只保存着 500 万元年销售额以上企业的数据。二是国家统计局提供了这些样本企业在 2000—2005 年的财务人员信息，包括雇用人数、总利润、税收、总销售额等信息。综上所述，我们的研究使用的企业样本无论从规模、所有制类型，还是所在行业等方面均具有广泛的代表性。

遗憾的是，调查数据没有给出 2000—2005 年全部环保数据，只有 2005 年的数据，因此我们只用了 2005 年的横截面数据。另外，出于本书的研究目的，我们剔除了无效样本。

2.4　结果与讨论

1. 环境规制与企业生产率：一个初步检验

我们首先考察环境规制及其强度与企业生产率的关系。在利用 OLS 对横截面数据进行计量分析时，必须注意可能存在的多重共线性和异方差问题。通过观察解释变量的 Pearson 相关系数矩阵，发现除企业地区的分布与城市变量之外，其他变量之间相关系数绝对值一般都在 0.5 以内，因此，我们将以上两组指标变量依次纳入模型中进行多次逐步回归，以避免严重的多重共线性问题。为了减少模型中可能存在的异方差问题对估计结果的稳健性影响，我们采用怀特（1980）所推导出的异方差一致协方差矩阵，对模型回归结果的标准误差和 t 统计值进行了修正，这既使得 OLS 方法的结果更为稳健可靠，又可一定程度上消除模型的异方差问题。表 2-2 报告了以两种不同的生产率为因变量的 OLS 模型回归结果。

表 2-2　环境规制及规制强度与企业生产率的关系的 OLS 回归结果

	(1)	(2)	(3)	(4)	(5)	(6)	(7)	(8)
FRE	0.0002 **	0.0003 **			-0.0002	-0.0004 *		
	(1.98)	(2.03)			(-1.31)	(-1.90)		
REGU1			0.005 ***	0.007 ***			-0.004 *	-0.009 ***
			(3.08)	(5.01)			(-1.67)	(-3.71)
HUM	0.011 ***	0.011 ***	0.007 **	0.008 **	-0.020 ***	-0.018 ***	-0.012 **	-0.011 **
	(4.20)	(4.06)	(2.18)	(2.50)	(-4.15)	(-3.63)	(-2.31)	(-2.12)
EXP	-0.0001 *	-0.0001	-0.0002 **	-0.0002 **	0.0002	0.0002	0.0003 **	0.0003 *
	(-1.68)	(-1.64)	(-2.51)	(-2.41)	(1.57)	(1.44)	(2.00)	(1.91)
SIZE1	0.034 ***	0.037 ***	0.029 ***	0.029 ***	-0.014	-0.012	-0.013	-0.007
	(7.44)	(8.20)	(5.26)	(5.50)	(-1.55)	(-1.40)	(-1.17)	(-0.73)
SIZE2	0.095 ***	0.099 ***	0.082 ***	0.079 ***	-0.061 ***	-0.058 ***	-0.045 **	-0.034
	(11.02)	(12.10)	(8.38)	(8.59)	(-2.76)	(-2.62)	(-2.01)	(-1.50)
MAR1	-0.009 *	-0.011 **	-0.003	-0.002	0.020	0.021	-0.000	-0.003
	(-1.83)	(-2.08)	(-0.50)	(-0.33)	(1.44)	(1.61)	(-0.03)	(-0.29)

续表

	(1)	(2)	(3)	(4)	(5)	(6)	(7)	(8)
MAR2	0.007	0.001	0.024	0.022	-0.021	-0.013	-0.073	-0.066
	(0.26)	(0.06)	(0.77)	(0.81)	(-0.46)	(-0.31)	(-1.37)	(-1.33)
IND1	0.005	0.016	0.013	0.034**	-0.031	-0.038	-0.054	-0.077**
	(0.42)	(1.22)	(0.94)	(2.51)	(-1.01)	(-1.22)	(-1.53)	(-2.26)
IND2	-0.015	0.005	-0.030	-0.006	0.037	0.012	0.070	0.030
	(-0.91)	(0.27)	(-1.60)	(-0.32)	(0.64)	(0.21)	(0.97)	(0.42)
OWN1	0.037***	0.045***	0.036***	0.042***	-0.089***	-0.099***	-0.091***	-0.100***
	(5.16)	(6.52)	(4.85)	(5.94)	(-4.71)	(-5.30)	(-3.72)	(-4.19)
OWN2	0.033***	0.041***	0.042***	0.047***	-0.077***	-0.087***	-0.091***	-0.098***
	(3.35)	(4.39)	(3.81)	(4.49)	(-3.83)	(-4.34)	(-3.50)	(-3.94)
OWN3	0.043***	0.048***	0.044***	0.046***	-0.084***	-0.089***	-0.090***	-0.093***
	(4.58)	(5.33)	(4.36)	(4.89)	(-4.05)	(-4.40)	(-3.48)	(-3.75)
WEST		-0.032***		-0.033***		0.053***		0.054***
		(-6.33)		(-5.68)		(6.01)		(5.24)
CENT		-0.026***		-0.023***		0.050***		0.041***
		(-4.91)		(-3.93)		(5.26)		(4.13)
CITY	是	否	是	否	是	否	是	否
常数项	0.744***	0.744***	0.734***	0.726***	0.444***	0.443***	0.476***	0.488***
	(46.09)	(46.11)	(39.22)	(43.90)	(11.51)	(11.58)	(10.20)	(11.19)
样本数	1011	1011	731	731	1011	1011	731	731
R - squared	0.277	0.191	0.315	0.244	0.147	0.100	0.186	0.128

注：*、**、***分别表示参数估计值在10%、5%、1%水平上显著，括号中数值是稳健性修正的 t 值。

　　从表2-2中各模型的回归结果可以看出，在控制了人力资本、企业规模、出口、市场力量、行业、地理位置、所有制及城市这些因素后，环境规制及其强度变量与企业生产率呈现正向关系，而且其系数和显著性都表现出相当的稳健性，我们的假设1和假设2，即环境规制及其强度与企业生产率的"双赢"在回归结果中得到了验证。

　　首先，环境规制与环境规制强度变量。在模型1-4中，因变量是通过DEA方法计算出的生产率。模型1和模型2重点检验了环境规制与企业效率之间的关系，结果表明环境规制与企业生产率之间存在正向关系，并且其系数在 5% 水平上显著为正。另外，从表 2-3 中国企业环境管理情况也可以看出，设有专门的环境保护部门的企业占总调查样本的 55.18%，为达到环保标准而进行额外投资的企业也有 50.7%。在调查中还发现，那些在环保方面进行过投入或在环保管理做得相对较好的企业，其生产率都明显高于在环保管理方面没有进行投入或无作为企业的生产率。基于以上分析，本书的研究结论说明，较严格的环境规制给企业提供了关于生产无效率信息的来源并激励企业进行技术革新，从而有利于促进企业生产率的提高。

表 2-3　　　　　　　　　中国企业环境管理情况

环境管理	否			是		
	频数	比例	平均生产率	频数	比例	平均生产率
设有专门的环境保护部门	480	44.82	0.796	591	55.18	0.816
获得 ISO 14000 认证	851	79.46	0.802	220	20.54	0.838
编制环保绩效表现和可持续发展报告	755	70.49	0.803	316	29.51	0.819
为达到环保标准而进行额外投资	528	49.3	0.809	543	50.7	0.814

综合上述事实，本书的回归结果可能说明，目前中国企业已经有能力接受较高的环境保护标准，甚至把提高环境质量作为提升竞争力的一种重要方式（金碚，2009），同时，结果也表明"波特假说"中提出的环保与生产率"双赢"在中国企业中得到了证实。模型 3 和模型 4 表明，环境规制强度与企业生产率也存在正向关系，其系数在 1% 水平上显著为正，环境规制强度每增加 10%，企业生产率相应会上升 0.5% 和 0.7%。另外，从调查数据的统计看，2005 年全部有环保运营费用的企业中，其环保运营费占企业销售额平均水平仅为 0.03%，这个数据和李刚等（2010）的研究结论相一致。

本书的研究结果表明，对企业的环境保护成本而言，即使中国政府实施了更严格的环境保护标准，其对中国企业成本的影响也是十分有限的，更进一步，这表明相对小型企业，中国大中型工业企业完全有能力承受较高的环境标准。

在模型 5 – 8 中，因变量是使用 SFA 法得出生产率，我们的回归结果表明，除模型 5 之外，在控制了城市因素后，环境规制及规制强度变量的符号至少在 10% 水平上显著为负，这与我们的预期相符，考虑到这里使用的生产率是一个企业在等量生产要素投入条件下，其产出与最大产出的距离，因此，我们可以这样认为，中国工业环境规制及其强度的提高将会有助于企业生产率的提高，其提高幅度与模型 1 – 4 得到的结果相差无几，假设 1 和假设 2 再次得到验证。本书的研究表明，随着环境规制及其强度的不断提高，企业生产的"清洁度"也不断提高。更为重要的是，这不是以削弱企业生产率为代价，相反，两者实现了"双赢"。综合以上实证研究结果，我们有理由相信，在中国企业的发展过程中，环境保护与企业生产率之间将存在长期的正向关系。

其次，在控制了环境规制及其强度的情况下，本书选取的大部分指标与生产率之间存在正向关系。

人力资本变量。在模型 1 – 8 中，人力资本变量的系数至少在 5% 水平上显著，这表明，人力资本水平的提高与企业生产率存在稳定的正向关系，与其他相关研究相一致。

出口变量。结果表明，出口与企业生产率存在负向关系，这一结果有些出乎意料，可能解释是，虽然目前大量中国企业进入全球价值链，但这是建立在我国劳动密集型竞争优势的基础之上的，在进入全球价值链的初始阶段，可能会由于进口了先进的生产设备提高了企业生产率，但是随着企业被限制或锁定在全球价值链的低端阶段的到来，不仅不能促进生产率的提高，反而会阻碍生产率的提高。

企业规模变量。结果表明，与小型企业相比，大型和中型企业与生产率存在显著的一致性的正向关系，这表明与小企业相比，在面临环境规制及其强度的压力下，大中型企业凭借其雄厚的资金和技术实力，能顺利转化环境成本，实现环境保护与生产率提升的"双赢"。

市场力量变量。本书的研究表明，与主要产品市场竞争激烈的企业相比，在控制了环境规制后，产品市场竞争适中的企业与生产率有显著负向关系，这可能说明对市场竞争适中的企业而言，其生产率受到环境规制及强度的影响较大。对竞争较低的企业，其与企业生产率存在正向关系，但都不显著，这可能与这些企业属于都是自然垄断行业有关，这类的企业具有相当的垄断势力，但其垄断来源于政府对行业的规制，并不是由生产率高或技术先进带来的，那么本书的实证结果也在情理之中。另外，我们的回归结果可能因为市场力量与企业规模存在多重共线性问题，导致回归结果出现不稳定。

行业虚拟变量。总体而言，与采掘业相比，制造业在考虑环境规制情况下，与生产率存在正向关系，但系数只有在模型 4 中在 5% 水平上显著，其他都不显著。可能的原因是不同城市对制造业污染排放的规制及强度不同，从而导致回归结果的不稳定。而是否为电力煤气及水的生产和供应业与企业生产率负相关，且都不显著，可能是因为这类行业都是自然垄断行业，其效率原本就不是很高，那么环境规制及强度的提高只会对其产生负面影响。这样的结果，说明未来中国环境规制政策的制定，要充分考虑到行业之间的差别。

企业所有制结构变量。研究发现，在控制了环境规制及强度后，所有制变量与企业生产率都有正向关系，且在 1% 水平上显著。与国有企业相比，外商投资企业的生产率提高程度要显著高于我国港澳台投资企业和国内民营企业。进一步我们可以发现，国内民营企业和港澳台投资企业的生产率差距已经较小，也即环境规制对两类企业的因素的影响相差无几。这个结果的政策含义是未来的环境规制政策对外商投资企业、国内私营企业和港澳台投资企业应同等对待，这样可以最大限度地避免发达国家为降低污染治理成本，而将污染密集型产业转移到中国。

地区虚拟变量。研究发现，控制了环境规制及强度的影响后，相比东部企业，位于中西部地区的企业其生产率要下降 2.3% ~ 5.3%，这表明环境规制及其强度加大对中部地区和西部地区的影响较大，这也可能反映了我国中西部地区的企业发展更多的是仰赖于地区自然资源和较低的环境标准。

关于城市虚拟变量，由于太多，也不是本书讨论的重点，所以不做详细讨论。

2. 进一步的考察：环保投入与生产率

众多研究指出，通过"先动优势"，那些率先对环保进行投资的企业不仅不会牺牲其生产率，反而能通过"创新补偿"提高企业生产率，也即环境规制通过对企业的环保投入这个渠道来影响企业生产率。这里我们要关注的是本书计量模型中可能由于存在逆向因果关系所导致的内生性问题，因为，既然环境规制及其强度可以促进企业生产率提高，那么生产率越高的企业可能更有能力和资金进行环保设备投资。结合我们数据的实际特点，本书采用工具变量法处理在估计企业环保投入与生产率的关系时可能存在的内生性偏误。

本章采用的工具变量有两个：①国家是否有针对企业主要产品的环保标准。因为国家对某种产品颁布环保标准，与环境规制有关，同时政府颁布的这个环保标准并不是针对某个企业的，显然这与具体某个企业的生产率并没有太大的关系。②生产经理或环保管理部门是否了解什么是清洁生产。一般而言，清洁生产是企业社会责任的主要表现之一，而生产性环保投入又是企业社会责任的主要表现（金碚和李钢，2006）。在一项与我们使用相同数据的研究中，研究者发现环保排在企业社会责任的第二位，有16.3%的企业总经理或所有者表示认同（徐尚昆和杨汝岱，2007）。而在本书中选"了解"且说出的"清洁生产"的三个主要内容中与环保相关的比例都超过70%。那么，可以认为了解清洁生产会促使企业对环保进行相应的投入，而这种投入主要是为企业履行社会责任。

我们先使用典型相关性似然比检验方法来检验未被包括的工具变量是否与内生的自变量相关。结果表明工具变量都拒绝了零假设（零假设是模型识别力不够）。弱工具变量检验的 F 值在工具变量模型中分别为22.66和23.45，根据 Staiger 和 Stock（1997）提出的判断标准：当只有 1 个内生变量时，第一阶段回归的 F 值大于 10 是个经验的临界点。另外，根据 Stock、Wright 和 Yogo（2002）提出的方法进行的弱工具变量检验，本书的两个工具变量的 F 值也都大于显著性程度为 10% 的临界值（临界值 = 19.93），这进一步证明本书不存在弱工具变量的问题。对于外生性检验，过度识别检验的 Sargon 统计量 P 值（见表 2-4）说明，我们选取的工具变量均是满足这一条件。这些检验说明，在统计意义上所选工具变量是有效的。

　　从表 2 - 4 中的回归结果可以发现，与 OLS 估计结果相比，2SLS 方法得出的系数都有所提高。然后，我们还采用其中一个工具变量或者不控制城市特征时进行了检验。结果都表明，我们关心的变量回归系数的符号和显著性都没有发生显著变化。表 2 - 4 中的结果表明，环保投入对企业的生产率都有显著正向影响，即企业人力资本存量、规模、行业及所有制等因素不变的情况下，环保投入增加 10%，则预计企业的生产率会提高 0.6% ~ 0.9%，假设 3 得到验证。

表 2 - 4　　　　　环保投入与生产率关系的 IV 和 OLS 回归结果

	(9) IV	(10) OLS	(11) IV	(12) OLS	(13) IV	(14) OLS	(15) IV	(16) OLS
REGU2	0.017 ***	0.007 ***	0.015 ***	0.006 ***	- 0.028 ***	- 0.009 ***	- 0.026 **	- 0.006 ***
	(3.12)	(5.68)	(2.79)	(4.52)	(- 2.65)	(- 3.75)	(- 2.42)	(- 2.63)
HUM	0.012 ***	0.009 ***	0.001 ***	0.008 **	- 0.018 **	- 0.012 **	- 0.018 **	- 0.013 **
	(3.27)	(2.94)	(2.80)	(2.58)	(- 2.50)	(- 2.00)	(- 2.50)	(- 2.17)
EXP	- 9.66e - 05	- 0.0001	- 9.87e - 05	- 0.0001 *	7.96e - 05	0.0001	6.79e - 05	0.0002
	(- 1.00)	(- 1.43)	(- 1.04)	(- 1.71)	(0.43)	(0.71)	(0.36)	(0.97)
SIZE1	0.015 *	0.028 ***	0.015	0.025 ***	0.022	- 0.005	0.016	- 0.009
	(1.65)	(4.36)	(1.60)	(4.12)	(1.23)	(- 0.39)	(0.87)	(- 0.73)
SIZE2	0.050 ***	0.075 ***	0.050 ***	0.074 ***	0.027	- 0.023	0.021	- 0.030
	(2.87)	(7.45)	(2.92)	(7.66)	(0.79)	(- 1.22)	(0.62)	(- 1.61)
MAR1	- 0.002	- 0.001	- 0.001	- 0.001	0.003	0.000	0.002	0.002
	(- 0.26)	(- 0.15)	(- 0.16)	(- 0.22)	(0.21)	(0.03)	(0.20)	(0.18)
MAR2	0.023	0.020	0.022	0.023	- 0.067	- 0.051	- 0.069	- 0.061
	(0.99)	(0.95)	(0.99)	(1.12)	(- 1.45)	(- 1.24)	(- 1.55)	(- 1.55)
IND1	0.018	0.018	0.003	0.007	- 0.031	- 0.032	- 0.018	- 0.028
	(0.82)	(0.91)	(0.12)	(0.38)	(- 0.73)	(- 0.83)	(- 0.44)	(- 0.73)
IND2	- 0.029	- 0.014	- 0.044	- 0.033	0.121 **	0.072	0.135 **	0.095 *
	(- 0.99)	(- 0.54)	(- 1.58)	(- 1.31)	(2.12)	(1.44)	(2.44)	(1.96)
OWN1	0.039 ***	0.040 ***	0.031 ***	0.030 ***	- 0.083 ***	- 0.090 ***	- 0.074 ***	- 0.076 ***
	(3.91)	(4.41)	(3.22)	(3.42)	(- 4.31)	(- 5.22)	(- 3.88)	(- 4.54)

续表

	(9) IV	(10) OLS	(11) IV	(12) OLS	(13) IV	(14) OLS	(15) IV	(16) OLS
OWN2	0.030 **	0.038 ***	0.021	0.029 **	− 0.060 **	− 0.076 ***	− 0.047 *	− 0.064 ***
	(2.21)	(3.16)	(1.64)	(2.47)	(− 2.28)	(− 3.29)	(− 1.83)	(− 2.80)
OWN3	0.033 ***	0.041 ***	0.034 ***	0.040 ***	− 0.056 **	− 0.076 ***	− 0.058 **	− 0.076 ***
	(2.60)	(3.72)	(2.79)	(3.78)	(− 2.28)	(− 3.60)	(− 2.45)	(− 3.72)
WEST	− 0.035 ***	− 0.035 ***			0.058 ***	0.056 ***		
	(− 5.36)	(− 5.87)			(4.56)	(4.91)		
CENT	− 0.016 **	− 0.023 ***			0.031 **	0.042 ***		
	(− 2.35)	(− 3.97)			(2.32)	(3.71)		
CITY	否	否	是	是	否	否	是	是
常数项	0.704 ***	0.733 ***	0.709 ***	0.730 ***	0.492 ***	0.443 ***	0.484 ***	0.449 ***
	(24.33)	(32.18)	(25.08)	(32.12)	(8.76)	(10.19)	(8.66)	(10.18)
样本数	646	763	646	763	646	763	646	763
R – squared	0.166	0.235	0.251	0.318	0.050	0.122	0.115	0.194
Sargan 检验	0.300		0.293		0.694		0.304	
Hausman 检验	χ^2 (15) =15.42 $P > \chi^2 = 0.422$		χ^2 (24) =26.20 $P > \chi^2 = 0.343$		χ^2 (15) =19.16 $P > \chi^2 = 0.206$		χ^2 (24) =20.82 $P > \chi^2 = 0.650$	

注：同表 2 – 2。

我们利用 Hausman 检验来比较 2SLS 与 OLS 模型的回归结果，但都无法推翻 2SLS 与 OLS 模型的回归系数没有系统性差异的原假设。在不存在内生变量的情况下，OLS 回归比 2SLS 更有效，所以，尽管我们使用工具变量处理了可能出现的内生性问题，但基于过度识别检验、弱工具变量检验及 Hausman 检验的结果，我们接受表 2 – 4 中的 OLS 回归结果，这说明前文讨论的有可能出现的内生性问题并不显著。

3. 稳健性检验

进一步检验实证分析的结果是否随着参数设定的变化保持适当的稳健性是非常必要的。本书采用了如下稳健性的测试方法：使用资本—劳动比率（企业固定资产总额/企业员工数）作为反映企业生产率的指标。因为上面使用非参数和参数法测算的生产率是企业剔除资本、劳动要素后的技术创新等技术进步因素对生产率的影响部分，一个不容忽视的事实是，对中国企业生产率的提升而言，很大程度上是与凝结在生产装备设备中的资本规模因素相关，因此，必须充分考虑资本要素因素对企业生产率的影响效应（张杰等，2009）。稳健性检验的回归结果显示（见表 2 - 5），我们重点关注的环境规制强度变量、环保投入变量的系数符号和显著性都没有发生实质性的改变。总之，稳健性检验结果表明，中国企业生产率与环境规制可以实现"双赢"，中国企业也有能力应对严格的环境规制。

表 2 - 5　　　　　　　　回归模型的稳健性检验结果

	(17) OLS	(18) OLS	(19) OLS	(20) OLS
REGU1	0.094 ***	0.111 ***		
	(3.93)	(4.66)		
REGU2			0.103 ***	0.115 ***
			(5.03)	(5.48)
样本数	731	731	763	763
R - squared	0.259	0.200	0.274	0.200

注：① * 、 ** 、 *** 分别表示参数估计值在 10% 、5% 、1% 水平上显著，括号中数值是经过稳健性修正的 t 值。②限于篇幅，其他变量从略。

2.5　主要结论与启示

本章以 2006 年中国企业调查数据为样本，考察了环境规制对中国企业生产率的影响及作用机制，得出如下基本结论：①环境规制及其强度与企业生产率之间存在着稳定、显著的正向相关关系，一定程度上反映出我国企业的发展并没有因为环境规制带来的成本上升而受到影响，由此为我们制定相应的环境规制政策提供了参考。这一结论一方面说明中国企业有能力承受更高的环境标准，另一方面也说明我国的污染控制政策对企业实现污染减排起到了积极作用，在我们的研究中，这种作用主要是通过污染排放罚款收费制度实现的。②环保投入与企业生产率存在显著正向关系，这说明在目前工业污染防治压力下，中国企业的污染治理主观能动性得到了积极的发挥，而这并不是以损害企业效率为代价。③在面对环境规制及其强度下，不同的行业、不同的规模和不同的地理位置的企业生产率呈现不同的表现，表明不同的行业、规模和地理位置的企业对环境成本上升带来的压力的消化能力是不一样的，未来的环境政策要充分考虑到这些不同。

基于实证结果，提出如下政策建议：

第一，我国环境规制带来的成本上升仅占企业生产成本很小的一部分，这其实反映了企业应对环境规制的能力和水平。对企业决策者们而言，应转变以往一贯持有的环境规制及其强度的提高会导致企业生产率下降的错误理念，以积极主动的姿态应对政府的环境保护措施。在面对环境规制及其强度不断提高情况下，不同的企业可以采取不同的应对措施，国内的企业应该最大限度地利用政府的一些相关扶持政策，在环保技术创新上加大投入，实施制度创新、技术创新和管理创新，提高对资源的利用效率和技术水平，逐步降低生产成本，从而最终提高在国内外市场上的竞争力。港澳台企业和外资企业应提升其环境保护和守法意识，严格履行其全球统一的标准，在生产过程中做到排放达标，积极履行其环境责任。这样，企业通过不断地推进技术进步，将其环境管理内化于企业发展战略之中，适应环境成本内在化的时代要求，努力寻找将生产废弃物变为可销售产品的途径，努力使企业在生产过程中变得更清洁。

第二，我国企业已经有能力承受更加严格的环境规制标准，因此，对违反环境保护政策的企业，政府应该继续进一步提高污染的收费标准，使其真正对企业采纳更清洁生产技术产生激励效果。这样，在一定程度上将避免出现在静态分析框架下规制实施者与被规制企业之间不合作博弈。在具体的操作方式上，政府一方面要设计合理的环境规制模式，引导企业增强企业绿色生产意识，改变污染治理模式，逐步转变由传统的末端治理模式转变为源头治理模式，从而最大限度地减少政企之间较高的交易成本；另一方面采取激励相容的政策措施，引导政府与企业建立合作关系。同时，借鉴国际经验，设计以市场为基础的激励型环境规制措施，引进非正式的环境规制方法，包括环境协议、环境管理认证与审计等。

第三，对不同行业、地区及规模的企业的环境规制措施及强度不应采取"一刀切"。由于中国处于经济社会转型时期，国内各地区经济发展水平差异巨大，如果采取"一刀切"的标准来规制所有的企业，将导致一些企业被迫退出，这可能会影响社会的和谐稳定。同时，环境规制即使是对同一个地区内的不同规模的企业也应区别对待。因此，政府实施严格而有弹性的环境规制政策，一方面通过过程补偿降低生产成本；另一方面通过产品补偿增加产品价值，最终使企业生产率得以提升。

第四，政府对企业环境保护管理制度建设进行指导，提升企业自愿环境管理意识。从研究使用的数据可以发现，中国企业通过 ISO 14000 认证的企业所占比例仅有 20%，更多的企业是为了达到排放标准而"被动"参与环保，可见中国企业的环境责任意识薄弱，自愿环境管理意识不强。因此，政府应加大对企业进行环保的宣传，并提供相应的环保管理认证辅导和培训，对企业已有的成功的环保技术和环保管理经验进行总结并加以推广，对自愿参与环保管理的企业提供资金和技术上的资助，建立企业内部环境保护约束机制，倡导企业参与自愿环保管理。

第3章 重污染企业环境信息披露对财务绩效的影响研究

3.1 问题的提出

当今全球化大背景下，生态破坏与环境污染问题日益严峻。党的十九大报告对于加快我国生态文明体制建设、推进绿色中国发展的方针目标进行了全面阐述，企业作为市场经济的主体和环境污染问题的主要肇事者，其环境信息披露状况对整个社会生态环境影响重大，而企业的环境行为很大程度上取决于其财务绩效，因此对两者间关系进行探讨尤为必要。鉴于此，本书通过考察企业环境信息披露对财务绩效的影响效应。理论方面，以充分揭示企业环境信息披露在财务绩效中发挥的重要作用，进一步丰富完善现有关于企业环境信息披露主题的理论研究；现实方面，促使企业重视对其财务绩效产生重要影响的环境信息披露质量，并通过建立和完善环境信息披露制度，有利于利益相关者做出科学决策的同时，更好地发挥政府及其他外部机构的监管作用，为生态文明建设提供有效保障。

相比于已有研究，本书创新之处主要在于：（1）目前针对环境信息披露与财务绩效相关性的研究相对较少，且大多为环境信息披露的影响因素研究。本书突破这一局限，将研究聚焦于环境信息披露的经济后果，就企业环境信息披露对财务绩效的重要作用予以揭示，进一步完善已有研究。（2）样本选取兼具针对性与全面性。由于重污染行业对环境的影响力度更大，其环境信息相比于其他行业更为利益相关者所关注，因此根据行业分类标准选取重污染行业大类下的全部上市公司,对其环境信息披露展开分析,使得研究更具现实意义与针对性;而与研究某一类具体的重污染行业如采矿业、钢铁行业等相比,又更具全面性。(3)构建环境信息评分体系,环境信息披露指标设置更为合理。通过查询各上市公司年报、社会责任报告和环境报告书等,收集 2014—2016 年重污染行业公司的环境信息相关数据,对于披露质量采用以内容分析法评价得出的环境信息披露指数(EDI)考量,依次对企业披露的环境信息进行打分并汇总得出各企业 EDI 指标。

3.2　文献综述

近年来,环境会计领域关于环境信息披露的研究不断细化与深入;针对环境信息披露与财务绩效间关系的研究,由于各学者的研究角度不尽相同,样本选取与指标设置等也存在一定差异,因而目前尚无统一明确定论。本书将从企业内部治理、环境治理绩效和外部治理环境三个角度,对已有研究进行梳理总结。

3.2.1　企业内部治理角度

企业内部治理主要涵盖反映公司治理结构、经营管理和投资融管理等方面的要素指标。Preston 和 Obannon(1997)通过考察企业社会责任披露与财务绩效间的相关性,研究发现社会责任披露能够有效降低公司成本,并为利益相关者创造价值。Hassel 等(2005)运用剩余收益估价模型研究了瑞典上市公司的环境信息情况,发现公司对环保支出、环保投资等环境信息的披露反而增加了公司资本成本进而降低了企业价值。Heflin 和 Wallace(2017)运用事件研究法,通过分析市场对英国石油泄漏事件的反应,结果表明,公司的环境信息披露范围越广,对其股价的负面影响越小,原因在于股东倾向于认为该公司已做好面对因潜在环境事故而应支付监管成本的准备。

国内研究方面,汤亚莉等(2006)选取沪深两市 120 家样本公司,通过分组回归发现财务绩效和公司规模与其环境信息披露均呈正相关。李秀玉和史亚雅（2016）从企业盈利目的出发考察碳信息披露质量的作用效应，研究表明，企业碳信息披露对财务绩效具有跨期影响，对增进企业提高碳披露质量的主动性及其减排改革予以启示。张国清和肖华（2016）基于制度理论和高管的人力资本特征，研究发现高管年龄和任期对环境信息披露水平均呈显著正向影响，并提出监管部门可从制度上引导高管的环境行为等建议。

3.2.2 环境治理绩效角度

环境治理绩效是企业环境管理行为及其有效性的综合反映。Russo 和 Fouts（1997）从资源基础理论出发，研究表明企业环境治理绩效与其财务绩效呈正相关，且企业发展能力对该影响机制起正向强化作用。Al - Tuwaijri 等（2004）研究发现企业环境绩效与经济绩效呈正相关，两者的提升均有赖于管理质量的改善，且减少由环境污染导致的无效率问题能促进企业环境质量和行业竞争力的提升。Stanwick 等（2010）认为高财务绩效公司为了获得其潜在财务收益，会比低绩效公司的环境政策更加规范、环境信息披露程度更高，实证结果表明，无环境政策的公司其财务绩效更差，且中等财务绩效的公司有着最高的环境政策影响力。

吕峻（2011）选取沪深两市的造纸与建材业企业为样本，研究发现企业环境信息披露与其环境绩效呈显著负相关。何玉等（2017）以企业自愿花费资源进行碳减排活动这一行为特征为切入点，实证结果表明企业碳绩效与财务绩效呈正相关，管理层支持碳减排的原因在于可以兼获企业绿色形象的改善和经济利益的提升等作用。徐建中等（2018）运用多层次线性模型展开 Meta 分析，选择财务绩效和环境绩效的相关系数作为效应值，对不同情境下的 58 个效应值展开定量集成研究，结果表明财务绩效与环境绩效存在互为因果的双向作用机制。

3.2.3 外部治理环境角度

企业外部治理环境包含制度环境、资本市场信息和行业监管等方面，塑造着企业管理层的决策动机和行为方式，进而影响其环境信息披露选择。Filbeck 和 Gorman（2004）认为对公共事业机构的环境监管会影响财务绩效与环境绩效之间的相关性，即增加不利的环境监管会增加资本成本，从而迫使企业放弃资本改善支出，降低遵守环境规则的能力。Khlif et al.（2015）以公司年度报告作为环境信息披露程度的衡量依据，研究发现环境信息披露对其财务绩效具有正向影响，并强调了法律与制度环境对于环境报告的重要性。Shahib 和 Irwandi（2016）则通过考察印度尼西亚上市公司发生的财务报告欺诈案件及其在金融监管、财务绩效和社会责任披露等方面的合法性理论，发现金融监管违规行为对财务绩效和社会责任水平并无显著影响。

沈洪涛和刘江宏（2010）通过考察环境信息披露成果，认为环境信息的披露动因不仅包括企业特征和环境绩效等内因，还有环境监管、环境事故和媒体关注等外因。毕茜和彭珏（2014）基于制度创新视角，在深入考察我国企业环境信息披露现状的基础上，发现环境信息披露质量的改善强依赖于外部法律制度的实施水平。叶陈刚等（2015）基于重污染行业的经验证据，发现环境信息披露与外部治理水平呈正相关，且外部治理水平的提高正向调节了环境信息披露质量对企业股权融资成本的负向影响。

3.2.4　文献评述

综观国内外已有文献，就环境信息披露与财务绩效间关系的研究从不同视角切入，并选用多种方法展开深入分析，有很多值得借鉴之处，但同时也存在一定不足。一方面，研究样本不够全面或针对性不强，如研究对象过于宽泛，没有分行业进行讨论，而是笼统地选择样本企业展开分析，抑或将行业划分过于细琐，不仅导致样本量过少，还使得研究缺乏代表性与普适性；另一方面，对于环境信息披露指标的选取主观性较强，评价体系的设置不够合理客观，抑或完全以已有研究中的环境信息披露量化指标为准，使研究结果受到原有结论的影响，失去应有研究价值。鉴于此，有必要就环境信息披露对财务绩效的影响效应展开进一步研究。

3.3　理论分析与假设

利益相关者理论（Freeman 和 Reed，1983）认为，企业的决策行为受到包括股东、债权人、管理层等内部利益相关者和政府部门、监管机构、社会公众等外部相关者的约束，因此在追求股东财富和企业价值最大化的同时，还应平衡各主体间的利益需求，才能实现长远可持续发展。因此，企业只有在其经营发展中积极承担环境保护责任，减少其行为对环境造成的危害，才能提升其财务业绩，获得持久竞争优势。企业通过实施积极有效的环境信息披露行为，能满足各方利益相关者的环保诉求，促使企业减轻外部压力，实现良好的财务绩效表现。

市场经济活动中，由于信息不对称的存在，外部信息使用者很难从其社会责任报告中获取企业内部真实的环境管理信息，不能有效监督其环境行为；而企业作为社会公众的受托方，往往受追求自身利润最大化目标的驱使而做出有损委托方的行为，进而产生委托—代理问题，导致社会资源的低效配置。信号传递理论（Spence，1973）指出，企业在面临信息不对称时更倾向于披露对自身有益的信息：企业通过良好的环境信息披露从而传递其较好履行社会责任的信号，市场随之做出相应反应，有利于企业社会形象与市场竞争力的提升，进一步提高其财务绩效；而环境信息披露差的企业则会在一定程度上对其环境治理绩效进行粉饰或掩盖，因为糟糕的环境信息披露会引起潜在治理成本的增加，进而导致较差的财务绩效表现。基于以上分析，提出假设：

假设1：企业环境信息披露对财务绩效具有正向影响。

假设2：企业环境信息披露对财务绩效的影响存在时间滞后效应，并呈逐年减弱趋势。

由于产权性质会影响企业治理结构、投融资能力等要素，因此对于不同产权性质的企业，其环境信息披露对财务绩效的影响效应也应存在一定差异。相较于非国有企业而言，国有企业的社会属性更为突出，对于社会责任的履行状况受到政府与公众更多的关注。当前，我国正大力发展绿色经济、低碳经济，这就要求国有企业更好地发挥示范牵头作用，践行国家绿色发展理念，主动进行环境信息披露。同时，国有企业因受到更多政府政策的干预，外部压力对其影响也会更大，对其环境信息披露的监督更为严格。因此本书预期国有企业的环境信息披露质量普遍更高且稳定性更强，相应地，对财务绩效的正向影响效应不如非国有企业更显著。据此提出假设：

假设3：企业环境信息披露对财务绩效的影响效应在不同产权性质的企业中表现出的作用力不同，对非国有企业的影响效应比国有企业更为显著。

3.4　研究设计

3.4.1　样本选取与数据来源

环保部颁布的《上市公司环保核查行业分类管理名录（2008）》中对重污染行业范围予以明确认定，包括火电、钢铁、水泥、电解铝、煤炭、冶金、化工、石化、建材、造纸、酿造、制药、发酵、纺织、制革和采矿业共16类。以2014—2016年沪市主板A股重污染行业上市公司为样本，在剔除ST和*ST公司、同时拥有B股和H股的公司、经历重大资产重组的公司和数据缺失样本的基础上，最终得到238家样本公司三年内共714个观测值。数据来源方面，环境信息披露数据通过巨潮资讯网、上交所官网中公告的企业年报、社会责任报告、可持续发展报告、环境报告书等收集整理，财务数据来源于国泰安CSMAR数据库，采用统计软件Stata15.0展开分析。

3.4.2　变量定义与模型构建

1. 被解释变量

被解释变量为财务绩效，已有研究多选用ROE、ROA和托宾Q等指标衡量。进一步讨论：托宾Q代表公司市场价值与重置成本之比，Q值越高表明企业的投资回报率越高，但由于我国资本市场发展并不完善，以市场类指标来衡量财务绩效包含了过多不可控因素，可能会导致结果的不准确，因此选择经审计后的会计口径指标 ROE 和 ROA 的可靠性更强。进而对比 ROE 与 ROA 的选择：现今上市公司追求的更多是股东财富最大化，因此采用 ROE 作为财务绩效衡量指标似乎更契合实际，然而重污染行业大多具有重资产属性，较低的净资产账面价值很可能导致以 ROE 作为变量研究的实证结果异常或失效，且该变量未将企业债权人利益考虑在内，因此本书选用更能综合反映企业股东和债权人整体资本利润率情况的 ROA 来衡量财务绩效。

2. 解释变量

解释变量为环境信息披露质量，以环境信息披露指数（Environmental Disclosure Index，EDI）进行量化分析。由于目前还没有普遍公认的关于环境信息披露情况的数据库或报告，而各企业间环境信息的披露内容与方式差异较大，因此本书采用内容分析法自行设计环境信息评分体系，并赋予各指标相同权重，以降低不同利益需求者对环境信息披露指标重要性理解的差异和人为赋权的主观性。

根据《环境信息公开办法（试行）（2007）》《上海证券交易所上市公司环境信息披露指引（2008）》，结合会计学的要素理论、环境会计基本理论，并通过对经典论著的吸纳借鉴，本书将企业披露的环境信息分为环境财务信息与非财务信息两大类，其中环境财务信息又细分为资产类、负债类、权益类、收入类和费用类共 5 项信息，环境非财务信息则细分为环境资源耗用、环境管理活动和环境治理活动共 3 项信息。本评分体系设置 2 类、8 大项、16 小项指标，对手工收集的 714 个公司年度观测值进行评分，总体最优得分为 32 分。按照"未披露、仅定性/简单披露、量性结合/详细披露"的披露程度划分，依次打分为 0 分、1 分、2 分，并对各指标项的分值予以汇总后除以总体最优得分，即 $EDI_i = \sum EDI_i / 32$，最终得出环境信息披露指数（EDI）。环境信息披露评分项见表 3-1。

表 3 - 1   环境信息披露评分项

		分类	指标设置	分值
环境财务信息	1	环境资产	环保设备设施投入、环境治理长期投资款 排污权、环保专利技术投资与开发	未披露 0 分，仅定性 1 分，量性结合 2 分
	2	环境负债	环境整治专项应付款、环境污染预计负债	
	3	环境权益	环境治理专项储备	
	4	环境收入	环境治理收益、环保项目投资收益 环境政策福利、环保税收减免、环保奖励	
	5	环境费用	排污费、环境治理费、设备改造升级费用 环境破坏赔偿费、因排污造成的行政罚款	
环境非财务信息	6	环境资源耗用	环境资源年度消耗量及利用率 主要污染物排放是否达标、排放浓度及种类	未披露 0 分，简单披露 1 分，详细披露 2 分
	7	环境管理活动	明确的环境目标、方针等 企业内部设置专门的环保部门及相应岗位 环保设施的建设与运行情况	
	8	环境治理活动	采用的环保技术、工艺以及环保技术的研发 采用的节能减排技术及取得的成效 废物处理、废弃产品的回收及综合利用情况	

3. 控制变量

借鉴已有研究，选取以下变量进行控制：（1）资产负债率（LEV），为企业期末时点负债与资产之比，反映企业的偿债能力，通过财务杠杆作用对财务绩效产生影响。（2）营业收入增长率（GROWTH），以本期与上期营业收入的差额除以上期营业收入来计算，反映企业的发展能力以及成长性。（3）企业规模（SIZE），以企业期末资产总额的自然对数衡量。（4）股权集中度（STAKE），以前 5 大股东持股比例的平方和衡量，H5 指数越接近 0，则前 5 位股东持股比例差异越小，权利分布较均衡。（5）股权性质（STATE），若公司为国有控股则取值为 1，否则为 0。各变量的定义和说明见表 3 - 2。

表 3 – 2   **变量定义和说明**

类型	名称	符号	说明
被解释变量	总资产净利润率	ROA	净利润/总资产平均余额
解释变量	环境信息披露指数	EDI	企业环境信息披露条目得分之和/32
控制变量	资产负债率	LEV	期末负债总额/资产总额
	营业收入增长率	GROWTH	(本年营业收入−上年营业收入)/上年营业收入
	企业规模	SIZE	公司期末资产总额的自然对数
	股权集中度	STAKE	企业前 5 大股东持股比例的平方和
	股权性质	STATE	国有控股为 1，否则为 0

4. 模型构建

基于理论分析与假设的提出，构建以下模型展开实证研究：

$$ROA_{i,t} = \alpha_0 + \alpha_1 EDI_{i,t} + \alpha_2 LEV_{i,t} + \alpha_3 GROWTH_{i,t}$$
$$+ \alpha_4 SIZE_{i,t} + \alpha_5 STAKE_{i,t} + \alpha_6 STATE_{i,t} + \varepsilon_{i,t}$$

模型中的下标 i，t 表示 i 公司在第 t 年的对应变量，α_0 为常数项，ε 为随机扰动项。

3.5 实证检验与分析

3.5.1 描述性统计

各变量的描述性统计结果见表 3 – 3。对于被解释变量 ROA，其均值由 2014 年的 3.7426% 下降至 2.5028%，2016 年又回升到 3.7553% 的水平，且 2015 年企业间 ROA 标准差最大，原因可能在于 2015 年新《环保法》的出台，使得重污染行业环境审批收紧，政府政策不断加码，导致设备设施大幅计提资产减值准备，产品市场价格下跌。到了 2016 年经济企稳回升，受供给侧结构性改革加速推进的影响，行业内部产业链结构优化，环保新技术的引入也使得重污染行业重新焕发生机，因此总资产净利润率稳步提高。另外，2015 年行业整体离散度较大，还可能是由于重污染行业大类下的 16 类细分产业受外部环境和政策的作用力存在差异，如煤炭、石油等产业还会直接受到如国际煤价、油价波动等大环境的影响，而酿造、纺织等受影响相对较小。

解释变量 EDI 与被解释变量 ROA 表现出较一致的波动情况，其标准差与最值在样本期内总体差异不大，均值则呈现先下降后上升的趋势。样本期内重污染企业的披露质量整体偏低，EDI 基本处于 0.3007 的总均值水平，而波动上升的态势则表明企业已逐渐意识到其环境信息披露的重要性。分年度来看，2015 年 EDI 指标同比下降，可能在于由于新《环保法》的实施，政府环保政策体系重构，重污染行业所处的内外部大环境低迷，企业刻意掩盖其环境信息；而 2016 年"十三五"规划纲要提出，要求重污染行业积极推进环境信息公开、建立环境质量信息发布公开制度，促使国内环保治理需求增加，因此 EDI 显著提升至 0.3187 的均值水平。

表 3－3　　　　　　　　　　描述性统计结果

变量	特征	2014 年	2015 年	2016 年	均值
ROA	均值	3.7426	2.5028	3.7553	3.3336
	标准差	5.0418	6.1089	5.2128	5.4545
	最小值	-11.0835	-19.8679	-23.4527	-18.1347
	最大值	26.8190	21.6265	41.0397	29.8284
EDI	均值	0.2974	0.2859	0.3187	0.3007
	标准差	0.1749	0.1722	0.1774	0.1748
	最小值	0.0313	0.0313	0.0313	0.0313
	最大值	0.9063	0.8438	0.9375	0.8959
LEV	均值	48.7987	47.2390	46.2644	47.4340
	标准差	19.5911	19.6201	19.8713	19.6942
	最小值	3.5121	4.0835	5.7158	4.4371
	最大值	92.3297	97.8663	98.8959	96.3640
GROWTH	均值	9.9826	2.2331	14.3818	8.8658
	标准差	50.6859	46.5918	57.7781	51.6852
	最小值	-57.4861	-64.0321	-72.0605	-64.5262
	最大值	393.6011	494.0842	646.6174	511.4342
SIZE	均值	22.6030	22.6858	22.7973	22.6954
	标准差	1.2466	1.2454	1.2449	1.2456
	最小值	19.2377	18.9240	18.9186	19.0268
	最大值	26.2296	26.2455	26.3264	26.2672

续表

变量	特征	2014 年	2015 年	2016 年	均值
STAKE	均值	0.1801	0.1729	0.1624	0.1718
	标准差	0.1295	0.1241	0.1148	0.1228
	最小值	0.0058	0.0027	0.0035	0.0040
	最大值	0.6807	0.6807	0.6807	0.6807
STATE	国有	60.0840%			
	非国有	39.9160%			

3.5.2　相关性分析

各变量的相关性分析见表 3 - 4。由 Pearson 相关系数矩阵可知，变量间相关系数的绝对值均小于 0.5，因此判断所构建的模型不存在多重共线性，不会影响回归结果的准确性。进一步地，EDI 与 ROA 呈 1% 显著性水平下的正相关，相关系数为 0.253，与预期研究假设一致；LEV、STATE 与 ROA 呈负相关，且均在 1% 的水平上显著；GROWTH 与 ROA 在 1% 的显著性水平下正相关；SIZE、STAKE 初步结果显示未通过显著性检验。

表 3 - 4　　　　　　　　　　　相关系数

	ROA	EDI	LEV	GROWTH	SIZE	STAKE	STATE
ROA	1.000						
EDI	0.253 ***	1.000					
	(0.0000)						
LEV	−0.398 ***	−0.053	1.000				
	(0.0000)	(0.1535)					
GROWTH	0.152 ***	−0.001	−0.056	1.000			
	(0.0000)	(0.9885)	(0.1339)				
SIZE	0.009	0.354 ***	0.359 ***	−0.036	1.000		
	(0.8082)	(0.0000)	(0.0000)	(0.3339)			
STAKE	0.026	0.231 ***	0.076 **	−0.040	0.416 ***	1.000	
	(0.4841)	(0.0000)	(0.0434)	(0.2916)	(0.0000)		
STATE	−0.133 ***	0.175 ***	0.173 ***	−0.121 ***	0.250 ***	0.362 ***	1.000
	(0.0004)	(0.0000)	(0.0000)	(0.0012)	(0.0000)	(0.0000)	

注：*** 、** 、* 分别代表 1%、5%、10% 的显著性水平；括号内为 P 值。

3.5.3　回归分析

表 3 – 5 报告了全样本回归结果。其中，EDI 对 ROA 的回归系数为 6.674，在 1% 的显著性水平下呈正相关，研究假设得到验证，即更高的环境信息披露质量会正向促进财务绩效的提升。另外，LEV 与 ROA 呈负相关，即财务杠杆越大，财务风险越高，导致财务绩效越差；GROWTH 与 ROA 正相关，即发展能力更好的企业拥有更佳的财务业绩水平；SIZE 与 ROA 正相关，表明具有规模经济效应的企业其财务业绩表现更好；STAKE 对 ROA 的回归系数为正但不显著，表明股权集中度对财务绩效的作用并不明显。

表 3 – 5　　　　　　　　　　　主回归结果

	ROA	t 值
EDI	6.674 ***	5.91
LEV	− 0.111 ***	− 11.03
GROWTH	0.0127 ***	3.66
SIZE	0.470 **	2.60
STAKE	0.437	0.26
STATE	− 1.305 **	− 3.24
_cons	− 3.451	− 0.92
F 值	38.84	
R^2	0.2479	
Adj R^2	0.2415	
N	714	

注：*** 、** 、* 分别代表 1%、5%、10% 的显著性水平。

考虑到环境信息披露情况对财务绩效的作用机制需要一定的时间反应与缓冲，即环境信息披露对财务绩效的影响存在滞后效应，因此在剔除最新年度缺失数据的基础上，将 EDI 分别滞后 1 期、2 期，再次进行回归。表 3 – 6 报告了全样本跨期回归结果。

表 3 – 6　　　　　　　　　　　跨期回归结果

	T = 1		T = 2	
	ROA	t 值	ROA	t 值
EDI	2.850 *	2.17	0.968	0.60
LEV	− 0.118 ***	− 9.98	− 0.107 ***	− 7.39

	T = 1		T = 2	
	ROA	t 值	ROA	t 值
GROWTH	0.0134 ***	4.04	0.00857 *	2.32
SIZE	0.757 ***	3.59	0.712 **	2.77
STAKE	3.796	1.83	8.367 **	3.18
STATE	− 2.063 ***	− 4.39	− 2.780 ***	− 4.81
_cons	− 8.420	− 1.93	− 7.038	− 1.32
F 值	30.41		18.82	
R^2	0.2113		0.2031	
Adj R^2	0.2044		0.1923	
N	688		450	

注：*** 、** 、* 分别代表1%、5%、10%的显著性水平。

回归结果显示，当时间滞后1年（T = 1）时，EDI 对 ROA 的回归系数为2.850，相较于原同期的6.674有所减小；而当滞后2年（T = 2）时，回归系数进一步减小为0.968，且此时 EDI 对 ROA 的影响已不再显著。因此，研究结果表明环境信息披露对财务绩效的影响存在时间滞后效应，且这种影响效应一般只会持续1期，呈逐年减弱趋势。可能的解释是企业在后期未能真正发挥环境信息披露的作用机制，无法将环境信息披露有效转化为促进财务绩效提高的生产力，使得其对财务绩效的影响力后劲不足。

3.5.4 进一步分析

考虑到企业产权性质的不同可能会使得环境信息披露对财务绩效的影响效应存在差异，因此将样本分为国有企业和非国有企业两组展开进一步分析。分组回归结果见表3－7。

表3－7　　　　　　　分组回归结果

	国有企业		非国有企业	
	ROA	t 值	ROA	t 值
EDI	3.995 **	3.26	12.10 ***	5.50
LEV	− 0.143 ***	− 11.55	− 0.0846 ***	− 5.06
GROWTH	0.0175 **	3.29	0.0126 **	2.67

续表

	国有企业		非国有企业	
	ROA	t 值	ROA	t 值
SIZE	1. 194 ***	5. 30	− 0. 172	− 0. 58
STAKE	− 4. 983 **	− 2. 74	12. 69 ***	3. 44
_cons	− 17. 79 ***	− 3. 87	6. 849	1. 08
F 值	37. 26		17. 49	
R^2	0. 3058		0. 2386	
Adj R^2	0. 2976		0. 2250	
N	429		285	

注：*** 、** 、* 分别代表 1% 、5% 、10% 的显著性水平。

回归结果显示，国有企业中 EDI 对 ROA 的回归系数为 3. 995，非国有企业中的该回归系数为 12. 10，对比两者的回归系数可知，环境信息披露对财务绩效均存在着显著正向影响，且这种影响效应在非国有企业中更为显著。因此，相较于国有企业而言，非国有企业应当具有更强的环境信息自主披露意识，随着环境信息披露体制不断趋于完善，其对于财务绩效的提升作用将会更加突出。

3. 6 　主要结论与启示

本章以 2014—2016 年沪市主板 A 股重污染行业的 238 家上市公司三年内共 714 个观测值为研究样本，分析其环境信息披露对财务绩效的影响效应，研究结论如下：第一，环境信息披露对财务绩效呈 1% 显著性水平下的正向影响，即环境信息披露质量更高的企业有着更好的财务绩效表现；第二，对 EDI 分别跨 1 期、2 期再次进行回归，发现企业环境信息披露对财务绩效的影响效应存在时间滞后性，这种影响效应一般会持续 1 期，并呈逐年减弱趋势；第三，进一步按企业产权性质进行分组回归，发现这种影响效应的作用力在非国有企业中比国有企业更为显著。

基于理论分析与实证检验结果，提出以下政策建议：第一，企业应当真正理解并重视环境信息披露的作用机制，将环境信息披露与其财务绩效挂钩，把环境信息披露转化为先进的生产力，充分发挥其对财务绩效的带动提升作用；第二，政府应当适时引导与开展环境信息审计，针对企业特别是重污染行业企业的环境信息披露状况出具统一规范的环境审计报告，以更公开公正、精准有效的方式直接促进企业提高环境信息披露质量；第三，增进国有企业与非国有企业间资源的交互共享，充分利用国有企业雄厚的资本与先进的设备技术、非国有企业灵活的组织架构与更强的发展活力，共同致力于环境信息披露质量的改善及随之财务绩效的提升。

第 4 章　市场化进程下制造业
上市公司内部控制与环境信息披露研究

4.1　问题提出

　　近年来，环境污染问题成为全球关注的热点。习近平总书记 2015 年在云南考察工作时就指出"要把生态环境保护放在更加突出位置，像保护眼睛一样保护生态环境"，在 2017 年 11 月召开的 APEC 峰会上也曾强调要加快生态体制改革，坚持走绿色、低碳、可持续发展的道路，实行最严格的生态保护制度。绿色金融指出环境保护是企业经营中的一项基本政策，要关注生态保护和环境治理。作为环境问题的参与者，企业兼具经济组织和社会组织的双重身份，在计划、决策、分析、控制与责任考核评价等一系列过程中不能只关注经济效益，社会效益与环境效益更为重要。企业进行环境信息披露不仅能降低环境污染风险，实现自身市场竞争力的提高，还能满足社会公众、投资者等的利益需求。在 2010 年 4 月 15 日颁布的《企业内部控制应用指引》中要求我国上市公司须对内部控制有效性进行自我评价并披露。其中值得注意的是，在与环境有关的细则中指出，企业应建立与节能减排、环境保护、资源节约等相关的内控体系，这将内控与环境保护紧密联系了起来。在已有的相关文献中，大多是从外部压力和公司治理两个方面研究影响环境信息披露的因素，黄莉和李丽霞（2014）揭露了煤炭行业环境信息披露的现状及驱动企业进行环境信息披露的因素——公众对环境信息的需求。王帆和倪娟（2016）则是从强调落实社会责任和企业绩效的角度，表示公司治理在环境信息披露问题上的导向作用。此外，考虑我国经济快速发展的现状，不同地区的市场化进程存在较大差距。市场化程度高的地区，法律监管更加完备、严格，对企业进行环境信息披露的要求也相应较高。因此，本书主要着眼于企业内部控制和市场化进程两方面对环境信息披露水平的影响，从企业内部制度层面来研究其与企业环境信息披露水平之间的关系。

4.2　研究假设

对于环境信息披露影响因素的研究，不同学者考虑诸多因素。王霞（2013）认为在披露环境信息的公司比例、环境信息披露的质量和水平逐年提高，但对企业污染物的排放后果、法律诉讼以及可能面临的或有负债披露不足的情况下，企业的内部治理在一定程度上将影响企业的环境信息披露决策。基于中国 39 家煤炭上市公司的样本数据，黄莉和李丽霞（2014）揭露了该行业环境信息披露的现状及驱动企业进行环境信息披露的因素——公众对环境信息的需求。Yingmei Li 和 Ying Ren（2017）基于实证研究也证实良好的内部控制对于企业降低代理成本，进行环境信息披露有极大的驱动作用。国内外涌现了大量关于企业环境信息披露水平的研究，重点大多集中于影响环境信息披露水平的各因素，如公司治理、外部压力、管理层激励等。

企业进行环境信息披露既是承担社会责任的直接表现，也是促进企业不断发展的动力。沈洪涛（2007）研究分析得出我国上市公司有一定的自愿披露信息的意识，且环境信息披露对公司社会责任信息披露有显著影响。《企业内部控制基本规范》将企业建立社会责任报告制度作为履行社会责任的重要部分。2011 年 10 月 1 日起实施的《企业环境报告编制导则》中对企业环境信息披露作出了明确要求，并规范企业环境报告书的编制。内部控制是企业的自律体系和制度基础，要解决环境保护问题，提高环境信息披露质量，满足各方需求，就必须构建良好的内部控制框架，进一步完善内部控制制度。李志斌（2014）认为内部控制作为企业的内部管理体

系对于环境信息披露呈现出明显的正相关关系,尤其是对市场化进程较快
的企业、处于重污染行业的正向作用更强。良好的内部控制制度保证了企
业治理机制的顺利实施,有助于企业进行环境信息披露。据此,本书提出
研究假设 1。

H1:限定其他条件,内部控制对企业环境信息披露水平存在正向
影响。

根据各区域市场化进程的不同,企业环境信息披露水平也会发生变
化。内部控制的效果会受到内部环境和外部环境的综合影响,外部环境的
复杂性和在一定时期内的稳定性使得对内部控制的影响更大。因此,在研
究内部控制有效性与环境信息披露水平之间的关系时就要考虑当地的市场
化指数。市场化程度高的地区,其法律也相应更加完善,政府等监管部门
的独立性也更强,企业在这种环境下的违规行为会得到有力的惩处,促使
企业健全内部控制制度。随着内部控制的完善,企业会更倾向于披露高质
量的环境信息。据此,本书提出假设 2。

H2:上市公司所在地市场化程度越高,内部控制与环境信息披露水平
的正向作用越显著。

4.3　实证设计

1. 样本选取与数据来源

本书的实证研究在众多制造业中选择造纸业,造纸业作为重污染型企
业,对于环境信息披露,国家有相应的强制性政策及鼓励性政策,并且重
污染企业对环境的破环程度更深,环境信息披露要求更高,因此造纸业在
研究制造业上市公司环境信息披露方面具有典型性。

本书的实证样本选取了 2010—2017 年深沪两市造纸业上市公司 A 股
数据作为初选样本。按照如下原则,进行了筛选:①剔除 2010—2017 年带
有 ST 或 *ST 的样本;②除去数据缺失和异常的企业,共获得 21 家公司共
168 个有效样本。本书所使用的样本数据来源于以下几方面:①环境信息
披露数据来自企业年报、社会责任报告、环境报告;②其他相关研究数据

来自 CSMAR 数据库、迪博数据库与巨潮资讯网。运用 Excel 进行数据的初步整理和筛选，SPSS 19.0 进行实证分析研究。

在数据收集和整理之后，我国 21 家造纸业上市公司环境信息披露情况如表 4 - 1 所示。

表 4 - 1　　　　　　　21 家上市公司近八年环境信息披露情况

年份	独立环境报告		社会责任报告		年报	
	数量	比例	数量	比例	数量	比例
2010	0	0.00%	5	23.81%	16	76.19%
2011	0	0.00%	5	23.81%	19	90.48%
2012	2	9.52%	7	33.33%	21	100.00%
2013	2	9.52%	8	38.09%	21	100.00%
2014	3	14.29%	8	38.09%	21	100.00%
2015	3	14.29%	7	33.33%	21	100.00%
2016	3	14.29%	8	38.09%	21	100.00%
2017	3	14.29%	8	38.09%	21	100.00%

从表 4 - 1 中统计结果看出，我国企业环境信息披露比例是在逐年增加的，从 2010 年的 76.19% 提高到 2011 年的 90.48%，最后公司都进行了相关的环境信息披露。这是因为在 2010 年出台了《上市公司环境信息披露指南》，而在 2011 年《造纸工业发展"十二五"规划》也问世了。在国家环保局的强力号召和深沪证交所对环境信息披露提出新要求的背景下，企业综合多方面考虑，慢慢适应并注重环境保护工作。

2. 变量设定

（1）被解释变量

本书的被解释变量是环境信息披露水平。本书借助沈洪涛（2012）的内容分析法来对企业环境信息水平（EDI）进行评分，从而度量环境披露质量，具体包括"排污费用""节约能源""废旧原料回收"等条目，通过对数据的具体情况进行赋值，未披露的赋值 0 分，仅有文字性描述的赋值 1 分，披露信息有具体的数量描述的赋值 2 分，最后进行综合加总，计量出环境信息披露指数，用以表示企业环境信息披露水平：$EDI_i =$

$\sum EDI_i/MEDI_i$（表示第 i 家企业各项目的得分与最佳环境信息披露水平之比），EDI_i 取值范围为 $[0，1]$。

（2）解释变量

1）内部控制有效性

在对企业内部控制有效性的衡量上，以 COSO 报告中对内部控制的定义为依据构建上市公司内部控制指数作为评价指标。可从两个方面入手：一方面，中国上市公司内部控制指数对应的包括战略指数、经营指数、报告指数、合规指数和资产安全指数；另一方面是各目标下的分类变量。为能够准确全面地反映内部控制的有效性程度，对存在内部控制重大缺陷的企业予以扣分，部分对研究结果会产生重大严重影响的企业样本数据予以剔除。

2）市场化进程

本书运用樊纲等编著的《中国市场化指数——各地区市场化相对进程报告》2016 年报告中的各个地区市场化指数，由于报告中的数据截至2014 年，所以我们采用杨纪军的方法估算各地区 2015—2017 年的市场化指数。即 2015 年的指数等于 2012 年的指数减去 2011 年的指数与 2013 年的指数减去 2012 年的指数的平均值，再加上 2014 年的指数，按照这种方法估算 2016 年与 2017 年市场化指数。

（3）控制变量

在控制变量的选取上，本书借鉴已有文献，将股权集中度、财务杠杆、盈利能力、成长性、公司规模、董事会独立性、上市地点和年度作为控制变量。

相关变量具体界定如表 4 - 2 所示。

表 4 - 2　　　　　　　　　　　变量设定

变量类型	变量名称	符号	定义
被解释变量	环境信息披露质量	EDI	$EDI_i = \sum EDI_i/MEDI_i$
解释变量	内部控制有效性	ICI	迪博内部控制指数
	市场化进程	MARKET	市场化进程指数

续表

变量类型	变量名称	符号	定义
控制变量	股权集中度	OC	股权集中指数
	财务杠杆	LEV	资产负债率
	盈利能力	ROE	净资产收益率
	成长性	GROW	营业收入增长率
	公司规模	SIZE	总资产的自然对数
	上市地点	PLACE	深交所、上交所
	董事会独立性	IBD	董事会中独立董事人数
	年度	YEAR	年度变量

3. 模型构建

基于理论分析与假设的提出，本书构建以下模型展开实证研究：

为了检验假设 1，构建模型 1：

$$EDI = \alpha + \beta_0 ICI + \beta_1 OC + \beta_2 LEV + \beta_3 GROW$$
$$+ \beta_4 ROE + \beta_5 SIZE + \beta_6 PLACE + \beta_7 IBD + \beta_8 YEAR + \varepsilon$$

为了检验假设 2，构建模型 2：

$$EDI = \alpha + \beta_0 ICI + \beta_1 OC + \beta_2 MARKET + \beta_3 ICI \times MARKET + \beta_4 LEV$$
$$+ \beta_5 GROW + \beta_6 ROE + \beta_7 SIZE + \beta_8 PLACE + \beta_9 IBD + \beta_{10} YEAR + \varepsilon$$

4.4 实证检验与分析

1. 描述性统计分析

从表 4 - 3 可以看到我国研究样本数据的描述性统计结果，环境信息披露水平均值为 0.5597，极大值为 0.99，极小值为 0.21，这说明在我国造纸业上市公司中，环境信息披露水平参差不齐，存在较大差距。内部控制指标最大值为 6.99，最小值为 6.20，平均值为 6.5648，说明企业内部控制水平随着内部控制制度的完善与健全及相关法规的配套实施有了明显的改善。总体来说，各企业内部控制水平虽存在差距，但差距不大。各地区的市场化指数在 4.84 ~ 10.97，均值为 7.9611，这表明从整体上看各地区的市场化程度发展较高，但不同地区差异仍然存在。

表4-3 描述性统计

变量	N	极小值	极大值	均值	标准差
EDI	168	0.21	0.99	0.5597	0.19872
ICI	168	6.20	6.99	6.5648	0.19035
MARKET	168	4.84	10.97	7.9611	1.37959
OC	168	0.15	0.88	0.4788	0.16921
LEV	168	0.11	1.11	0.5170	0.21202
ROE	168	-4.69	0.93	0.0237	0.38694
GROW	168	-0.97	31.50	0.3080	2.43278
SIZE	168	20.24	25.38	22.1551	1.05641
PLACE	168	0.00	1.00	0.5476	0.49922
IBD	168	1.00	5.00	3.1488	0.74737

2. 相关性分析

为检验内部控制与环境信息披露水平之间的关系，对主要变量进行相关性分析。如表4-4所示，样本内部控制有效性与环境信息披露显著正相关。

表4-4 相关性分析

变量	EDI	ICI	OC	LEV	ROE	GROW	SIZE	PLACE	IBD
EDI	1								
ICI	0.223 ** (0.004)	1							
OC	-0.180 * (0.019)	-0.116 (0.136)	1						
LEV	0.293 ** (0.000)	-0.016 (0.840)	-0.186 * (0.016)	1					
ROE	0.076 (0.327)	0.128 (0.099)	0.099 (0.203)	-0.190 * (0.014)	1				
GROW	-0.026 (0.739)	-0.016 (0.835)	0.061 (0.434)	-0.171 * (0.027)	0.024 (0.762)	1			
SIZE	0.310 ** (0.000)	0.176 * (0.022)	-0.209 ** (0.007)	0.329 ** (0.000)	0.115 (0.139)	-0.003 (0.967)	1		

续表

变量	EDI	ICI	OC	LEV	ROE	GROW	SIZE	PLACE	IBD
PLACE	− 0. 067	− 0. 014	0. 149	− 0. 253 **	− 0. 045	− 0. 089	− 0. 145	1	
	(0. 387)	(0. 856)	(0. 055)	(0. 001)	(0. 566)	(0. 249)	(0. 061)		
IBD	0. 216 **	− 0. 010	− 0. 130	0. 089	0. 034	− 0. 008	0. 273 **	− 0. 043	1
	(0. 005)	(0. 901)	(0. 094)	(0. 253)	(0. 664)	(0. 923)	(0. 000)	(0. 578)	

注：** 表示在 0. 01 水平上显著相关，* 表示在 0. 05 水平上显著相关。

由表 4 - 4 可知，各变量与企业环境信息披露水平之间存在相关性，且各个变量的相关系数基本都在 0. 5 以下，VIF 的值在 2 以下，研究之中不存在严重多重共线性。如表 4 - 5 所示。

表 4 - 5　　　　　　　　　　　变量 VIF 检验结果

变量	ICI	OC	LEV	ROE	GROW	SIZE	PLACE	IBD
VIF	1. 065	1. 114	1. 316	1. 114	1. 049	1. 315	1. 098	1. 093

3. 回归分析

从表 4 - 6 的回归结果可知，在控制了一系列会对被解释变量产生影响的变量的基础上，我们发现内部控制与环境信息披露水平存在正相关关系，且在 5% 的水平上显著相关，再次说明通过实证检验两者相关性较强。企业内部控制越有效，环境信息披露的质量和水平也越好。有完善的内部控制做基础的企业也更倾向于披露环境信息。由此可以证明假设 1 是成立的。

表 4 - 6　　　　　　　　　　　模型 1 的回归结果

变量	系数	T 值	VIF
CONS	− 1. 467 **	− 2. 632	
ICI	0. 193 **	2. 548	1. 065
OC	− 0. 087	− 1. 001	1. 114
LEV	0. 247 ***	3. 262	1. 316
ROE	0. 048	1. 252	1. 114
GROW	− 0. 005	− 0. 841	1. 049
SIZE	0. 024 *	1. 603	1. 315

续表

变量	系数	T 值	VIF
PLACE	0.015	0.502	1.098
IBD	0.039 **	2.000	1.093
R^2		20.210	
Adj. R^2		0.171	

注：*** 表示在 0.01 水平上显著相关，** 表示在 0.05 水平上显著相关，* 表示在 0.1 水平上显著相关。

表 4 - 7　　　　　　　　　　　模型 2 的回归结果

变量	系数	T 值	Sig.
CONS	- 1.435 **	- 2.17	0.032
ICI	0.189 **	1.989	0.048
MARKET	- 0.007	- 0.084	0.933
ICI × MARKET	0.001	0.074	0.941
OC	- 0.087	- 0.959	0.339
LEV	0.245 ***	3.153	0.002
ROE	0.048	1.226	0.222
GROW	- 0.005	- 0.827	0.409
SIZE	0.025	1.588	0.114
PLACE	0.015	0.496	0.620
IBD	0.039 *	1.959	0.052
R^2		0.210	
Adj. R^2		0.160	

注：*** 表示在 0.01 水平上显著相关，** 表示在 0.05 水平上显著相关，* 表示在 0.1 水平上显著相关。

从表 4 - 7 中所列数据来看，在对模型 2 进行回归分析后，内部控制有效性与环境信息披露在 5% 的水平下显著正相关，ICI × MARKET 与 EDI 的回归系数为 0.001，对 EDI 的影响为正，即企业所在地的市场化程度越高，内部控制对环境信息的披露作用越强。ROE、SIZE 和 IBD 在两个回归模型中的系数均为正，说明随着盈利能力的提高，企业更愿意披露环境信息；随着企业规模扩大，企业披露环境信息的积极性和主动性会增加；公司内独立董事的数量增加会带动企业进行环境信息披露。

4. 敏感性测试

基于先前部分的理论与数据研究证明，企业内部控制对环境信息披露影响显著，但若是各企业所处地区的市场化进程不同，又会给环境信息披露水平研究带来何种变化，正向作用的差异性是否明显。于是，本书为了进一步检验假设2，把企业的所在地区作为敏感性测试的考虑因素，具体体现为样本中涵盖的21家造纸业上市公司按照该地区当年的市场化指数由高到低进行排序，分为市场化进程快与市场化进程慢两组，研究结果如表4-8所示。

表4-8　　　　　　　　　　　　　分组检验结果

变量	市场化进程快			市场化进程慢		
	Coef.	t	VIF	Coef.	t	VIF
CONS	-1.496 * (0.063)	-1.888		-1.167 * (0.082)	-1.763	
ICI	0.276 *** (0.010)	2.631	1.059	0.080 (0.370)	0.901	1.066
OC	-0.087 (0.463)	-0.738	1.082	0.087 (0.427)	0.799	1.113
LEV	0.239 ** (0.028)	2.246	1.414	0.121 (0.180)	1.353	1.335
ROE	0.601 ** (0.023)	2.320	1.141	0.001 (0.985)	0.019	1.252
GROW	0.047 (0.686)	0.406	1.104	-0.001 (0.900)	-0.126	1.097
SIZE	0.007 (0.729)	0.347	1.380	0.043 ** (0.017)	2.445	1.244
PLACE	-0.023 (0.600)	-0.529	1.102	0.071 * (0.053)	1.966	1.279
IBD	0.008 (0.777)	0.284	1.113	0.010 (0.661)	0.440	1.080
R^2	0.277			0.131		
Adj. R^2	0.204			0.044		

注：*** 表示在0.01水平上显著相关，** 表示在0.05水平上显著相关，* 表示在0.1水平上显著相关。

表 4 - 8 的结果说明分组检验在一定程度上支持假设 2。内部控制作为制度体系和管理体系，在市场化进程快慢不同的地区，对该地的企业环境信息披露水平会造成明显的差异。对比可知，相较于市场化进程慢的地区，位于市场化进程快区域的企业，内部控制指数与环境信息披露水平在 1% 的水平上显著正相关，正向作用也更强些。

4.5　主要结论与启示

本章通过研究我国造纸业上市公司的样本数据，证实内部控制有效性与环境信息披露水平之间存在正向关系，以此为基础进一步证实上市公司所在地市场化程度越高，内部控制与环境信息披露水平的正向作用越显著。

本章研究发现，企业内部控制有效性与环境信息披露水平存在显著正相关，即内部控制的健全与完善能带动企业环境信息披露水平的提高。随着我国经济的发展，内控基本规范和配套措施也在不断推广和应用，在企业内部承担重要角色和起关键作用的内部控制，在这种背景下，自然能促进企业环境信息的披露。此外，在市场化进程快的区域，内部控制对环境信息披露水平的作用更加显著。在分析影响环境披露水平的因素时，要全面把握。

同时，从整体上看，2010—2017 年企业环境信息披露水平以前大多集中于定性分析，以文字性描述为主，缺少一定的数量统计，投资者在投资时缺少必要的参考指标，不利于合理投资。但在内控逐步健全的当下，企业环境信息的披露给予了投资者投资信心，相应地反馈在企业经营过程中会促使企业社会价值的实现。提高内部控制的有效性对于企业环境信息披露水平的提高有作用的同时，也能有助于企业的管理与发展，这对于维护相关利益者的利益和企业承担社会责任是最佳方式之一。

本书的研究样本仅来自造纸业，并未研究整个制造业，研究结论能否适用于所有行业，还有待检验。并且从研究方向看，影响环境信息披露水平的因素很多，本书只选取了现有的部分因素作为变量研究，回归结果会产生误差。因此本书的后续研究可以关注以下两个方面：一方面，样本来源扩大到我国整个制造行业，验证本书结论的普适性，或做行业对比分析，指出差异的原因所在；另一方面，除企业内部控制在环境信息披露中发挥效应外，还要进一步研究诸如媒体关注度、公众心理、企业高管背景特征等因素对企业环境信息披露水平产生的影响。

第 5 章　全球价值链背景下
非正式环境规制对中国企业
ISO 14001 认证的影响研究

5.1　问题的提出

目前，中国80％的环境污染来源于企业的生产经营活动（沈红波等，2012）。研究表明，来自政府的压力对企业的环保行为具有显著影响（Gasgupta，et al.，2000）。那么，除此之外，还有没有其他力量或因素能够推动企业对环境保护的重视呢？从发达国家的环境治理经验来看，企业环境保护行为还受到来自消费者等社会公众的非正式环境规制的影响（Buysse 和 Verbeke，2003；Heyes 和 Kapur，2012）。其实，环境保护事业离不开公众等利益相关者的参与，与单独以政府为中心的"命令—控制"模式相比，多主体共同参与的环境管理模式不仅可以弥补政府环境保护投入的不足，还能激发社会公众对企业环境行为的监督，促进政府环境保护效率的提高。

改革开放以来，中国企业崛起壮大的路径之一是嵌入全球价值链，参与国际分工。尤其是 2000 年以来，中国对外贸易额快速增长，出口贸易已成为促进中国经济增长的重要动力之一，与此同时，中国的环境污染也在日益加剧。在此背景下，研究者将快速扩张的出口贸易与中国的环境污染状况加以联系，并认为国际贸易是近年来中国环境状况难以改善的一个重要原因（Dean 和 Lovely，2008；张友国，2009）。还有学者认为，来自发达国家的政府、消费者、企业及环保 NGO 等利益相关者的环境保护与管理的诉求和压力，可以通过彼此间的采购、供应关系进行传递，从而有助于促进企业关心环境（沈艳和姚洋，2008）。毋庸置疑，中国企业嵌入全球价值链，进入国际市场，也要面对来自国外环境保护制度和消费者等利益相关方的压力。为此，中国企业开始重视环境管理体系，申请相应的国际环境管理认证。例如，国际标准化组织 2012 年的调查统计显示，截至 2011 年底，中国有 8.2 万家企业通过了 ISO 14001 认证，获得认证的企业总数居世界第一位。

那么，中国企业自愿接受这种环境管理认证是否与其所面对的内外部环境的改变有关？在正式环境规制不能完全发挥作用的情况下，通过价值链传递的国外非正式环境规制能否改善企业环境保护行为？源于国内公众压力的非正式规制是否发挥了作用？要回答这些问题，需要对中国企业环境行为的影响因素及其作用机理展开研究。基于此，本书利用中国 30 个省（区、市）2004—2011 年的企业 ISO 14001 认证数据，使用面板计数模型，从嵌入全球价值链与国内公众的非正式环境规制两个方面考察影响中国企业环境行为的因素，以期为企业环境行为的相关研究提供有益参考。

虽然巫景飞等（2009）也分析了 ISO 14001 认证在中国的传播及其影响，但区别于该项研究，本书侧重在全球化背景下，从新制度经济学的视角探讨非正式环境规制与中国企业环境行为的关系。本书可能的创新之处主要体现在：一是将非正式环境规制纳入贸易对环境影响的分析框架中，进而更全面地考虑中国企业环境保护行为的内外部影响因素；二是在分析经济全球化对中国环境的影响是遵从"污染避难所"假说还是"环境收益"假说中考虑了东道国正式环境规制的调节作用。

5.2　文献述评与研究假设

当前，国际贸易进入全球价值链时代，那么嵌入全球价值链究竟是有益还是有害于环境？对这个问题的回答是当前国际经济领域中最容易引起争论的话题之一（Taylor，2005）。一部分学者认为，贸易会使低收入的发展中国家环境问题更为严重。因为发达国家会将污染密集型企业（产业）向环境标准较宽松的发展中国家转移，同时发展中国家为了维持或增强其企业（产业）的竞争力，可能会降低环境标准，进而导致环境恶化。这类学者提出并验证了"污染避难所"假说和"向底线赛跑"假说（Taylor 和 Copeland，1994）。另一部分学者认为，贸易开放不仅可以使东道国企业更易接触到与节能环保相关的先进技术和管理经验，还能通过提高企业竞争力激励其更加有效地利用资源和节能减排，以满足国外消费者对清洁产品的需求。这些学者提出并验证了"环境收益"假说（Grossman 和 Krueger，1995）。

　　贸易对环境的影响最终会体现在企业的环境行为上。那么，参与全球价值分工后，全球价值链传递的国外环境规制压力对出口国企业的环境行为产生了何种影响？Christmanna 和 Taylor（2001）的研究表明，发达国家制定的环境标准会促使中国企业为改善环境行为而积极采纳 ISO 14001 认证。Stalley（2009）发现，在经济全球化背景下，发展中国家的企业会不断改善其环境行为，以满足交易者的环境标准，否则这些企业就会存在失去市场的风险。国外研究还表明，引入社会性规制能够使出口企业更加恪守出口目的地国家环境标准，并且社会性规制强度越大，企业越会严格规范其产品的环境标准（Blackman 和 Guerrero，2012）。如 Nishitani（2009）发现，美国汽车产业普遍要求其海外供应商必须满足 ISO 14001 认证。在针对中国的研究中，Zhang 等（2008）使用江苏省 89 家企业数据，检验了企业环境绩效的影响因素，发现外部压力对企业环境绩效的改善有显著正向影响，但政府环境规制并没有发挥其应有的作用。Qi 等（2011）发现，外部压力特别是来自本国消费者和外国消费者的压力，对企业 ISO 14001 认证有显著正向影响。

　　然而，上述研究并没有专门分析出口目的地以及出口规模对本土企业 ISO 14001 认证的影响。同时，在全球价值链分工体系中，发展中国家本土企业的出口主要是以加工贸易为主，并被锁定于价值链的低端，在这种分工模式下，发展中国家的企业只能获得较低的利润，而发达国家客户则不断利用其垄断地位，挤压发展中国家企业，迫使其主要依靠大量的出口以获取微薄收益。然而，即便如此，发展中国家本土企业嵌入全球价值链也需要经过发达国家客户的严格检验，这其中就包含发展中国家本土企业的产品必须符合一定的环境标准，例如欧盟要求纺织产品必须具备 ISO 14001 认证或 EMAS 认证。实际上，ISO 14001 认证已成为发展中国家本土企业进入国际市场的绿色通行证，即如果企业满足了国外客户的环境标准，那么企业就可以进入发达国家的市场，并通过大量出口获得出口的规模收益，进而激励企业更加努力满足国外市场的环境标准。据此，本书提出：

假设 1：在中国，如果出口地企业嵌入全球贸易网络越深，那么通过出口的规模收益效应，出口地企业将越可能采纳 ISO 14001 认证。

假设 2：在中国，如果出口目的地企业 ISO 14001 的认证数量较多，那么通过反向溢出效应，出口地企业将拥有更多的 ISO 14001 认证数。

随着经济全球化的不断深入，跨国公司会依据其自身优势和东道国特定产业的特点来决定公司战略，并据此选择究竟是对外直接投资还是利用国际贸易实现资源配置，即全球价值链分工的实质是跨国公司在全球范围内进行的资源整合，那么，从这一角度看，吸收 FDI 也是发展中国家经济嵌入全球价值链的表现之一。具体来说，改革开放以来，大量吸收 FDI 和对接全球产业（企业）转移使中国成为"世界工厂"，但是中国也承接了大量高耗能、高污染产业（企业）。不过需要说明的是，FDI 作为技术转移的主要渠道，也会通过对外来先进技术和专业知识的示范对中国企业产生正的外部性。这意味着 FDI 的流入对中国企业环境保护行为的影响是一把"双刃剑"，同时满足"环境收益"假说和"污染避难所"假说的描述。那么，FDI 对东道国环境的影响究竟遵从哪个假说，从理论机制看，关键在于东道国政府对环境污染监管的严格程度，因为东道国环境规制程度不仅在很大程度上影响本国的产业结构，同时也能影响本国及外国企业在多大程度上采用更为先进的节能环保技术，即制度安排往往对环境演变起着关键性的决定作用。

但实证研究并没有取得一致性结论，Prakash 和 Potoski（2006）使用国际标准化组织 2003 年国家层面的统计数据，并没有找到 FDI 会促进企业

ISO 14001 认证扩散的证据。在针对发展中国家的研究中，Tambunlertcha
等（2013）基于泰国食品制造等三个代表性行业的企业层面数据，检验了
出口与 FDI 对企业采纳 ISO 14001 认证的影响，结果发现，在控制企业异
质性条件下，FDI 对企业采纳 ISO 14001 认证有显著正向影响。基于以上分
析，本书提出：

假设 3：在中国，在政府环境规制的调节下，FDI 会对中国企业
ISO 14001 认证产生正向影响。

新制度经济学把制度看作是一个由正式规则（如政治规则、经济规则
等）和非正式规则（如社会规范、惯例和道德等）组成的社会游戏规则
（诺思，1981）。研究表明，中国政府"命令—控制"的环境规制模式并不
能总是促使企业重视环境保护（Lin，2013），事实上环境保护问题是一个
公共问题，需要利益相关者的共同参与。发达国家的环境保护实践表明，
环保事业的最初推动力就来自公众（Martens，2006），在发达国家的环境
治理过程中，众多环境保护 NGO 通过宣传教育、信息披露和法律诉讼等方
式，不仅提升了公众的环境保护意识，而且直接促进了绿色消费群体的形
成，最终促使本国企业从经济理性角度进行环保自律，积极接受 ISO 14001
认证。

针对发展中国家的研究表明，不管是正规还是非正规的污染控制压
力，都是决定企业污染治理的重要因素，而且来自社区等利益相关者的环
境压力对企业环境治理有显著正向影响（Hettige，et al.，1996），这意味
着，社会规范等非正规环境规制与政府正式环境规制体系是一种互补关
系，非正式环境规制可以极大地调动社会资源，扭转政府环境保护投入不
足和监管不力的局面。Dasgupta 和 Wheeler（1997）认为，在缺乏对企业
污染的正式规制的情况下，公众对污染的抱怨可以促使企业重视环境管
理，减少污染排放。其实，企业所处的制度环境对企业的环境管理战略及
其战略行为存在重要的引导作用，企业要在竞争中生存，就必须遵守包括
正式和非正式的游戏规则（Khanna 和 Speir，2013）。

目前，国内已经有多家环保 NGO 组织发出了"绿色选择"的倡议书，
提倡消费者利用自己的购买权利来影响企业的环境行为，尽量选择环境达

标企业生产的产品，进而对污染企业产生现实压力。研究也表明，生产企业和零售商通过严格审核其供应链，不选择超标企业做自己的供货商，可以创造出正向市场激励机制，提升愿意为环境负责的企业的竞争优势（张三峰和杨德才，2013）。事实上，随着消费者环保意识的不断增强，消费者也越来越愿意为环境友好的产品进行额外的支付，那么企业就可以通过ISO 14001认证向潜在的顾客、投资者和供应商展示其改进环境绩效的意愿，最终有助于企业经济绩效的提升。也就是说，虽然 ISO 14001 认证是自愿型管理标准，但实际上依然是企业在面临各种社会压力下的非完全自愿行为，是企业与政府、社会在环境规制的博弈过程中出现的一种制度创新（巫景飞等，2009）。据此，本书提出：

假设4：在中国，企业所在地公众环境关注度与企业 ISO 14001 认证呈正相关关系。

5.3　研究设计

1. 模型设定与变量选取

本书从嵌入全球价值链和非正式环境规制的角度对中国企业通过 ISO 14001认证进行考察，结合已有文献，本书设定的基本经验研究模型为：

$$iso14_{it} = \alpha_0 + \alpha_1 iso90_{it} + \alpha_2 export_{it} + \alpha_3 index1_{it} + \alpha_4 regu_{it} + \alpha_5 fdi_{it}$$
$$+ \alpha_6 regu_{it} \times fdi_{it} + \alpha_7 value_{it} + \eta_i + \gamma_t + \varepsilon_{it} \tag{1}$$

其中，$iso14_{it}$ 表示第 i 个省（区、市）t 年企业采纳 ISO 14001 认证的数量；$iso90_{it}$ 表示各省（区、市）通过 ISO 9000 认证的数量，一般而言，通过 ISO 9000 认证的企业更有可能进一步通过 ISO 14001 认证，这是因为 ISO 14001认证与 ISO 9000 系列质量体系标准遵循共同的体系原则，两者具有很好的兼容性；$export_{it}$ 和 fdi_{it} 是自由贸易变量，分别表示省（区、市）出口总量和外商直接投资占该省（区、市）GDP 的比重；$regu_{it}$ 表示环境规制变量，由于环境规制变量的相关数据难以获得，学者通常使用治污投资、污染排放等指标代理，但这些指标存在一定程度的不足，本书使用资源环境综合绩效指数来代替环境规制指标；$index1_{it}$表示国内非正式环境规制，有学者使用 Google 趋势中的搜索功能构造公众对某个关键词的关注度（Kahn 和 Kotchen，2011；徐圆，2014），借鉴已有文献的方法，本书以"环境污染"为关键词在 Google 趋势中检索，从而得到各省（区、市）公众对环境污染的关注程度；$value_{it}$表示工业化水平，用该省（区、市）工业增加值占 GDP 的比重代理；$regu_{it} \times fdi_{it}$是 FDI 与环境规制的交互项，用以考察国内环境规制对"污染避难所"的调节作用。η_i表示地区虚拟变量，用以捕捉不随时间变化的省（区、市）固定效应；γ_t表示年度虚拟变量，用于捕捉各省（区、市）共同的时间趋势；ε_{it}表示随机误差项。

为进一步考察出口目的地采纳 ISO 14001 认证数对东道国企业 ISO 14001 认证的反向溢出效应，本书对式（1）进行拓展，建立如下模型：

$$iso14_{it} = \beta_0 + \beta_1 iso90_{it} + \beta_2 index1_{it} + \beta_3 regu_{it} + \beta_4 fdi_{it}$$

$$+ \beta_5 regu_{it} \times fdi_{it} + \beta_6 value_{it} + \beta_j \sum des_{it} + \eta_i + \gamma_t + \mu_{it} \quad (2)$$

其中，des_{it}表示中国第 i 个省（区、市）t 年对亚洲（asia）、欧洲（euro）、北美洲（north）、非洲（africa）、拉丁美洲（latin）和大洋洲（ocea）的出口，即在式（2）中包含 6 个洲际连续变量。μ_{it}表示随机误差项，其他变量与式（1）中的变量相同。对于 des_{it} 变量的度量，参照 Gule 等（2002），通过式（3）计算各洲 ISO 14001 认证数的反向溢出效应。

$$des_{it} = ISO_{jt} \times (exports_{it}/export_{it}) \quad (3)$$

式（3）中，ISO_{jt}表示第 j 个大洲在 t 年的 ISO 14001 认证数量，$exports_{ij}$表示第 i 个省（区、市）在 t 年对第 j 个大洲出口的数量，$export_{it}$表示第 i 个省（区、市）t 年的出口总量。

2. 数据来源与描述性统计

本书基于中国 30 个省（区、市）2004—2011 年的面板数据展开研究，所使用的 30 个省（区、市）的企业 ISO 14001 认证和 ISO 9000 认证数据来自中国合格评定国家认可委员会（www. cnas. org. cn），资源环境综合绩效指数来自中科院可持续发展战略研究组编著的《中国可持续发展战略报告：全球视野下的中国可持续发展（2012）》。其他数据主要来源于《新中国 60 年统计资料汇编》《中国统计年鉴》和各省（区、市）的统计年鉴，由于西藏数据缺失较多，故将其删除。另外，由于 FDI 和出口数据都是以美元标价，故本书根据美元兑人民币年平均汇价，将 FDI 和出口数据折算成人民币。最后，为了最大限度地缓解异方差，本书对企业 ISO 9000 认证数据、地区出口数据和环境规制数据取自然对数。变量的描述性统计如表 5－1 所示。

表 5－1 主要变量的描述性统计

	样本量	均值	方差	最小值	最大值
iso14	240	946.06	1256.4	4	6841
iso90	240	8.14	1.09	5.09	10.27
export	240	15.81	1.65	12.04	19.65
index1	240	13.05	17.03	0	100
value	240	0.41	0.79	0.16	0.54
fdi	240	0.03	0.02	0	0.13
regu	240	5.14	0.62	3.90	7.02

3. 研究方法

各省（区、市）企业历年获得 ISO 14001 认证是一个计数过程，适合使用面板计数模型。基本的计数模型是假定在一定时期内，在给定影响因素的情况下，企业获得 ISO 14001 认证服从泊松分布，然后使用最大似然估计法即可得到参数的一致估计量，但这要求企业 ISO 14001 认证数据的期望与方差相等。而本书中，被解释变量的方差显著大于其期望（见表 5－1）。

如果被解释变量的方差明显大于期望，即存在"过度分散"，此时，尽管泊松回归依然是一致的，但负二项回归可能更有效率。另外，对于截面不可观察的异质性 η_i，面板数据有两种不同的对待方法，如果异质性因素与其他解释变量相关，则适合使用固定效应模型，反之随机效应模型更为有效。由于样本非随机抽样，并且难以拒绝各省（区、市）不可观察的异质性因素与其他解释变量不相关，因此，采用固定效应模型更可靠。在具体的回归中，本书给出负二项回归（固定效应）的结果，为了比较回归结果，我们也汇报了面板泊松回归结果。

5.4　结果与讨论

首先，考察自由贸易对中国各省（区、市）企业 ISO 14001 认证的影响，具体结果如表 5 - 2 所示。

表 5 - 2　　　　　　　　　　全国层面的回归结果

	（1）	（2）	（3）	（4）	（5）	（6）
	泊松回归	负二项回归	负二项回归	泊松回归	负二项回归	负二项回归
iso90	0.329 ***	0.632 ***	0.626 ***	0.779 ***	0.397 ***	0.788 ***
	（7.76）	（10.58）	（10.32）	（10.99）	（9.27）	（11.53）
export	0.207 ***	0.245 ***	0.242 ***			
	（12.94）	（7.51）	（7.12）			
index1	0.055 ***	0.061 **	0.062 **	0.042	0.044 ***	0.049 *
	（5.32）	（2.41）	（2.44）	（1.62）	（4.09）	（1.92）
asia				- 0.093 *	- 0.085 ***	- 0.11 **
				（ - 1.83）	（ - 4.25）	（ - 2.19）
africa				- 0.024 *	- 0.014 ***	- 0.017
				（ - 1.79）	（ - 2.71）	（ - 1.28）
euro				0.016	0.019 **	0.007 **
				（0.68）	（2.13）	（2.29）
latin				0.038	0.019 *	0.039
				（1.53）	（1.75）	（1.56）
north				0.098 **	0.109 ***	0.088 **
				（2.31）	（6.37）	（2.04）
ocea				- 0.040	- 0.046 ***	- 0.050
				（ - 1.28）	（ - 3.47）	（ - 1.56）
regu	- 0.413 ***	- 0.136	- 0.179	0.140	- 0.089	- 0.045
	（ - 5.29）	（ - 1.34）	（ - 1.51）	（1.16）	（ - 1.04）	（ - 0.32）
fdi	- 22.94 ***	- 19.92 ***	- 20.93 ***	- 11.26	- 12.60 ***	- 14.73 *
	（ - 7.93）	（ - 2.91）	（ - 3.03）	（ - 1.49）	（ - 4.01）	（ - 1.95）
regu × fdi	4.269 ***	3.688 ***	3.866 ***	2.052	2.318 ***	2.642 *
	（8.03）	（2.93）	（3.04）	（1.48）	（3.99）	（1.91）

	（1）	（2）	（3）	（4）	（5）	（6）
	泊松回归	负二项回归	负二项回归	泊松回归	负二项回归	负二项回归
value	1.041 ***	0.609 **	0.592 **	1.013 ***	1.178 ***	0.927 ***
	(8.33)	(2.16)	(2.09)	(3.41)	(9.47)	(3.11)
year	控制	控制	控制	控制	控制	控制
region	否	否	控制	否	否	控制
cons	5.128 ***	−5.048 ***	−4.694 ***	−4.01 ***	−2.652 **	3.070 ***
	(13.34)	(−11.93)	(−6.92)	(−4.84)	(−2.51)	(7.62)
obs	240	240	240	240	240	240

注：括号内为 z 值；*** 、** 和 * 分别表示 1%、5% 和 10% 的显著性水平。

对于出口变量。从模型（1）至模型（3）可以看出，出口对企业采纳 ISO 14001 认证数量有显著正向影响，本书的假设 1 得到验证。从回归结果看，出口总量每增加 1%，则该省（区、市）的企业采纳 ISO 14001 认证数量将提高 0.2 个百分点，这表明，通过贸易方式嵌入全球价值链会促使中国企业改善其环境行为。可能的解释是，一些国外的购买方会严格要求发展中国家的供应方满足 ISO 14001 认证的要求，那么在客户的要求下，原本对环境保护关注不多的发展中国家企业为了保持其在全球价值链中的地位和份额，以维持或增加向这些国家出口的数量，会被迫采纳 ISO 14001 认证标准。另外，随着中国对外贸易总量的不断增长，许多中国企业在为国外客户生产和提供低附加值、资源消耗大、环境效率低的产品的同时，也受到来自发达国家针对产品环保问题的持续指责，而且随着出口贸易规模的不断增长，中国企业面临的环境保护压力也越来越大，这可能会促使出口带来的规模收益效应逐步向技术效应阶段过渡，即随着出口贸易深度和广度的拓展，中国出口企业更容易接触到前沿的清洁生产技术，进而促进其采纳 ISO 14001 认证。

对于公众环境关注度变量。负二项回归结果显示，在控制其他条件不变的情况下，公众环境关注度对企业 ISO 14001 认证数有显著正向影响，本书的假设 4 得到验证。事实上，目前中国企业对环境保护等社会责任的履行还处于外部压力推动的阶段，尚未到达社会价值驱动阶段。这一结论也表明，中国企业对环境保护的态度，除受到源自政府正式环境规制的影响外，还受国内公众对环境保护诉求的影响。社会规范、文化等非正式制度的强化与普及使得人们对环境质量的要求逐渐提高（彭星等，2013），如果一个地区的环境污染超过了该地区居民的可承受范围，居民会通过上访或投诉给企业的环境管理施加压力，迫使政府采取更为严格的环境保护措施，同时也迫使高污染企业采取更为先进的管理和技术降低污染排放。因此，企业为了在未来的竞争中保持优势，就会通过获得 ISO 14001 认证来展现其"绿色"形象。

对于 FDI 变量。在模型（1）至模型（6）中，负二项回归结果显示，FDI 变量系数显著为负，这似乎验证了"污染避难所"假说。然而，FDI 变量与正式环境规制变量的交互项却显著为正，说明 FDI 是否加剧了各省（区、市）环境恶化形势，依赖于各省（区、市）的正式环境规制，如果政府颁布并严格实施制定的环保政策，那么 FDI 的进入不仅不会对当地环境造成损害，反而会带来更为先进的节能环保技术，进而有利于改善当地企业的环境保护行为。本书的假设 3 也得到了证实。这一结论意味着，FDI 对中国环境的影响依赖于政府环境规制的强度。假如各省（区、市）在引进 FDI 的过程中执行了较为宽松的环境影响评价等政策，那么就可能造成高耗能、高污染的重化工业向中国大规模转移，进而不利于中国环境保护事业的发展，反之 FDI 对中国环境改善将有正向作用。

对于出口目的地 ISO 认证数变量。在控制地区和时间虚拟变量后，从回归结果（6）可以看出，出口目的地对中国企业采纳 ISO 14001 认证的影响具有差异性。与重视环境保护的发达国家的经贸联系积极显著地促进了 ISO 14001 认证在中国的扩散与普及。具体而言，向欧洲和北美洲的出口对中国企业采纳 ISO 14001 认证有显著正向作用，虽然向拉丁美洲出口变量的系数为正，但不显著。而向亚洲其他国家出口则对中国企业采纳 ISO 14001 认证有显著负向影响。向非洲和大洋洲出口变量系数都不显著。因此，本书假设 2 得到部分证实。原因可能在于世界其他国家或地区的经济发展水平并不完全一致，各国参与 ISO 14001 认证的积极性也不相同，相对于中国，发达国家企业和消费者对 ISO 14001 认证较为关注，进而对来自国外的产品是否符合国际环境标准也较为关注，那么中国企业在向这些国家或地区出口时，会更倾向于通过 ISO 14001 认证以满足消费者和发达国家的环境要求，以此保障其在全球价值链中的竞争力。

对于 ISO 9000 认证变量。回归结果表明，采纳 ISO 9000 认证数量对企业采纳 ISO 14001 认证有显著正向影响。本书这一结论与 Prakash 和 Potoski（2006）、Tambunlertcha 等（2013）等已有研究结果相符。

对于工业化程度变量。在负二项回归中该变量系数为正，并至少在 1% 水平上显著，表明工业化程度的提高有利于企业采纳 ISO 14001 认证。可能的解释是，现阶段工业部门作为推动中国国民经济增长的主要动力，那么一个地区的工业化程度越高，则该地区人均收入也将越高，而人均财富的进一步积累将提升人们的环保意识，最终会引起环境规制、清洁生产技术和清洁产品偏好等方面的结构性变化，从而提高企业采纳 ISO 14001 认证的数量。

5.5　稳健性检验

为了增强本书结论的稳健性，我们采用以下三种方式进行检验：首先，已有研究表明，一个国家的收入水平与环境规制强度具有很强的相关性（Dasgupta, et al., 2001），如 Xu（2000）发现，环境规制指标和 GDP 及 GNP 指标的相关系数高达 0.86987 和 0.8553，并均在 1% 水平上显著，这意味着，环境规制强度是收入水平的内生变量。据此，本书使用人均 GDP（pergdp）作为环境规制强度的代理指标。其次，关于国内非正式环境规制，除在互联网上表达对环境问题的关注之外，人们还可能会通过信访的途径来表达其对环境规制的态度或意愿，如 Dasgupta 和 Wheeler（1997）曾使用公众对当地环境问题的信件数量来度量公众对环境的关注程度，基于此，本书使用《中国环境统计公报》中的环境信访量（index2）来代理国内非正式的环境规制；最后，按照惯常的区域划分方法，将样本分为东部、中部和西部三个子样本，再分别进行回归。具体检验结果如表 5 - 3 所示。从表 5 - 3 中不难发现，稳健性分析的结果证实本书的研究结论是可靠的。

表 5 - 3　　　　　　　　　　稳健性检验

	(7) 全国 负二项回归	(8) 全国 负二项回归	(9) 全国 负二项回归	(10) 东部 负二项回归	(11) 中部 负二项回归	(12) 西部 负二项回归
iso90	0.121 **	1.316 ***	0.202 ***	0.016 ***	0.014 ***	0.056 ***
	(2.29)	(2.76)	(2.73)	(6.17)	(6.06)	(7.98)
export	0.132 ***	0.079 ***		0.022 ***	0.015 ***	0.458 ***
	(6.10)	(4.16)		(6.15)	(4.36)	(8.84)
index2	0.002 ***	0.127 *	0.016 *	0.069 ***	0.051 *	0.517
	(2.69)	(2.13)	(1.94)	(5.52)	(2.12)	(1.42)
asia			0.261			
			(0.57)			
africa			- 0.511			
			(- 0.04)			
euro			0.749 ***			
			(8.19)			
latin			0.918			
			(0.61)			
north			0.100 *			
			(2.10)			
ocea			0.189			
			(0.72)			
pergdp		2.325 ***	0.333 ***			
		(3.96)	(3.70)			
fdi	- 1.379 **	- 0.547 ***	- 0.825 ***	0.988 **	- 0.0236	- 0.0451
	(- 2.17)	(- 11.53)	(- 4.59)	(2.39)	(- 1.18)	(- 0.30)
pergdp × fdi		0.401 *	0.270 ***			
		(2.13)	(8.73)			
value	0.021	0.224	0.009	0.204 ***	0.715 ***	- 0.651 ***
	(1.43)	(0.58)	(0.37)	(5.26)	(4.34)	(- 4.42)
regu	- 2.023 ***			0.521 *	0.814	- 8.493 ***
	(- 3.35)			(1.93)	(1.56)	(- 7.95)
regu × fdi	0.025 *			0.778 ***	0.968 *	0.164 ***
	(1.77)			(2.72)	(1.81)	(8.66)

续表

	(7) 全国负二项回归	(8) 全国负二项回归	(9) 全国负二项回归	(10) 东部负二项回归	(11) 中部负二项回归	(12) 西部负二项回归
year	控制	控制	控制	控制	控制	控制
region	控制	控制	控制	否	否	否
cons	-14.13^{***}	-4.646^{***}	-2.712^{***}	-3.184^{**}	-4.851^{***}	0.179
	(-3.28)	(-4.45)	(-4.23)	(-2.00)	(-6.32)	(1.33)
obs	240	240	240	88	64	88

注：括号内为 z 值；*** 、** 和 * 分别表示1%、5%和10%的显著性水平。

5.6 主要结论与启示

本章采用2004—2011年中国30个省（区、市）的面板数据，使用面板计数模型实证检验了通过价值链传递的非正式环境规制对企业ISO 14001认证的影响。结果表明：①出口与企业采纳 ISO 14001 认证存在显著正向关系，这表明，通过全球价值链传递的国外非正式规制有利于中国企业环保行为的改善；②国内公众环境关注度能有效推动企业贯标ISO 14001；③在其他条件不变下，贸易目的地 ISO 14001 认证数的反向溢出效应有差异性，出口到欧洲和北美洲对企业采纳 ISO 14001 认证有积极作用；④FDI和正式环境规制的交互项与企业采纳 ISO 14001 认证显著正相关，说明 FDI 对东道国环境的影响依赖于东道国环境规制水平。

本章的启示在于：首先，在全球化背景下，在许多中国企业还不能主动把自己的发展观念提升到人与自然和谐发展中时，通过来自第三方的干预可以促使企业改变其环境行为。当然，企业环境行为的改变不能一蹴而就，除受技术制约和影响外，还受经济制度和文化价值等多重因素的影响。其次，国内环境保护事业的发展离不开公众的参与，在加强对企业环境保护监管的同时，应通过相应的制度改革，引导公众正确参与环保活动，以弥补正式环境规制的不足。再次，FDI 对一国环境的影响取决于该国环境规制水平，因而贸易对环境的影响效应各不相同。那么，在中国环境规制水平不断提升和政府政绩考核目标改革的情况下，随着时间的推移，贸易将通过规模收益效应和技术效应对中国环境产生正向影响。最后，改革现行以加工贸易为主的出口导向型贸易政策，转变避免继续以低成本劳动力、资源、环境等要素支撑的粗放出口模式。

第6章 生态补偿机制视角下
企业环境信息披露需求研究

6.1 问题的提出

改革开放以来，中国经济高速增长，但是随之而来的是环境的不断恶化，资源、生态环境、土地、劳动力等对经济可持续发展至关重要的生产要素也有明显的下降趋势，生态文明建设成为重要议题。党的十八大报告中以独立的章节阐释了生态文明建设的总体计划，十八届三中全会更是提出要实行生态补偿制度，重点生态功能区内的生态补偿机制要进一步完善，地区之间要加快构建横向生态补偿制度。可见建立生态补偿机制是促进我国生态保护、协调区域发展的一项重要制度设计，更是促进经济发展、提高企业环境保护积极性的一大手段。

企业作为环境污染物的主要生产者之一，应当在传统会计的理论基础上对其环境会计信息进行充分披露，为生态补偿机制的建立和实施提供支持和有效信息。但是，现阶段学界较少认识到生态补偿对企业环境信息披露的需求，对生态补偿和企业环境信息披露的研究相对割裂。

6.1.1 文献综述

生态补偿机制研究是目前国内外学术界共同关注的焦点之一，其中，完善生态补偿机制的制度性建议这一方面的研究相对集中。欧阳志云等（2013）提出要明确生态补偿载体与补偿对象，建立合理的生态补偿经济核算模型。唐克勇等（2011）研究发现，生态补偿资金融资渠道必须遵循多元、开放的标准，并在此基础上逐步进行环境产权试点的改革工作。赵雪雁等（2012）认为生态服务的供给机制、融资机制应当是研究关注的重点，加强理论与生态补偿实践之间的联系才能让生态补偿研究能够真正作用于实践。

与此同时，国内外的学者针对企业环境会计信息披露的问题也已经展开了大量研究，研究主要集中在环境信息披露模式的设计、企业环境信息披露现状、环境信息披露的影响因素以及环境信息披露与公司治理或政府监管的相关关系等方面。在披露方式上，李建发等（2002）认为，我国的环境会计准则尚不明晰，独立的环境会计报告模式是企业在披露环境信息时的第一选择，如果我国未来出台了环境会计的具体准则，可以再考虑用补充环境会计报告模式进行环境信息披露。在企业环境信息披露现状方面，颉茂华等（2013）研究发现上市公司环境信息披露基本符合法律规范，但是在披露的完整性上还有待提高。而卢馨等（2010）发现企业会主动规避负面性的环境信息，环境违规情况和环保风险的披露不足。在环境信息披露的影响因素上，李志斌（2014）通过研究发现，企业的内部控制水平越高，其环境信息披露水平就会越高，这一特点在重污染行业表现更加明显。在环境信息披露与公司治理或政府监管的相关关系方面，黄珺等人（2012）的研究结果表明，政府部门的监管能有效提高环境信息披露水平，控股股东和制衡股东的参与也有类似的作用。毕茜等（2012）通过实证研究得出与环境信息披露相关的法规的出台，有利于企业环境信息披露水平的提高。

但是，目前大多数的研究都将生态补偿、企业环境信息披露两者分割开，把它们视为相互独立的研究范畴，很少有学者认识到生态补偿机制的建立对企业环境信息披露的需求，针对长三角大都市群这一经济发达、企业集中的国家生态补偿试点地区的研究也相对空白。

6.1.2　研究思路

在对生态补偿、环境产权等理论与概念的分析基础上，本书从生态补

偿主客体、标准与融资机制三个方面，分析生态补偿对环境信息披露的需
求。然后在信息广泛度、精确度和标准度这三个层面上提出若干生态补偿
机制对企业环境信息披露的具体质量要求。再针对这些质量要求，通过对
企业环境信息披露数据的收集，展现长三角大都市群生态功能区内企业的
环境信息披露现状，找出现状与需求之间的差异，并据此提出政策性建
议，研究技术路线图见图 6-1。

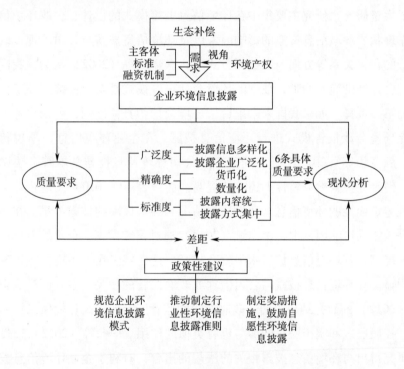

图 6-1　研究技术路线

6.2　生态补偿机制对企业环境信息披露有需求的原因分析

想要分析生态补偿机制对企业环境信息披露有需求的原因，首先必须
要明确的是生态补偿机制是什么，其内在核心与理论依据是什么。本章选
择环境产权这一视角切入，尝试通过环境产权，将生态补偿和企业环境信
息披露有机连接起来。在此基础上，从生态补偿机制在构建过程中的几个

关键点，即生态补偿主客体、标准和融资机制这三个角度出发，深入分析构建生态补偿机制对企业环境信息披露有需求的原因。

6.2.1　生态补偿概念与理论依据

学界对生态补偿定义的看法并不一致，其中，毛显强等（2002）提出生态补偿是通过对保护（或损害）资源环境的行为进行补偿（或收费），提高该行为的收益（或成本），从而激励保护（或损害）行为的主体增加（或减少）因其行为带来的外部经济性（或外部不经济性），达到保护资源的目的。该定义比较系统、全面地考虑了生态补偿的最终目的和生态补偿方式，并且受到了较为广泛的认可，因此，本书引用这一定义作为生态补偿的概念。

生态补偿是为了在经济建设和生态环境保护之间寻求平衡，其理论基础包括资源环境经济学、生态经济学等。资源环境的不合理开发和环境污染造成了外部性，经济学家针对这一问题进行分析，并提出包括庇古税和科斯定理在内的解决办法。庇古将外部性归因为市场失灵，主张通过政府干预手段来解决这一问题。在庇古税的理论基础上，科斯进一步提出外部性源于产权不明晰，主张首先明晰产权，然后通过市场交易来使资源的配置达到最优。

6.2.2　环境产权视角下的生态补偿机制问题

基于产权理论，我们可以将环境产权定义为行为主体对某一环境资源具有的权力集合，主要包含所有权、使用权、处分权、收益权等多种权利。如果你拥有一种环境资源的产权，那么就是说你同时拥有了对这项资源的收益权以及使用决策权。

根据环境产权以及生态补偿的内涵，我们不难发现明确界定环境产权是开展生态补偿的基础。明晰环境产权，通过市场的力量展现出拥有、使用环境产权所带来的收益以及与此同时带来的义务和费用，促进经济主体调整行为方式、降低成本，最终达到生态环境得到保护、经济可持续发展这一生态补偿的初衷。可以说，在目前的市场经济条件下，环境产权制度的明晰对保障生态补偿政策的实际效果具有重要作用。

6.2.3 生态补偿主客体、标准与融资机制对企业环境信息披露的需求

1. 明确生态补偿主客体对企业环境信息披露有需求

一般认为，生态补偿主体是在生态补偿实施中的获益者，而客体是提供生态服务或者为生态补偿做出牺牲的群体。政府、企业和个人都有可能成为主体或者客体，在市场经济条件下，企业更应该是生态补偿的主要参与者。可是在生态补偿实例中，我们却屡屡发现，由于环境产权界定不清，生态补偿的主体会被直接简化为地方政府，而补偿对象（客体）往往忽视了企业，直接简化为居民个人或是政府，生态补偿更多地体现为一种行政补贴手段，而没有真正展现生态补偿的内涵。所以说，生态补偿主客体的明确对企业环境信息披露有需求。

2. 构建生态补偿标准对企业环境信息披露有需求

生态补偿标准应该是各个利益相关方协商确定的结果，想要构建合理的生态补偿标准，就必须准确地计算生态保护者的投入以及损失，这也是目前生态补偿机制在推行和实施过程中的关键点和难点。而企业作为生态环境的参与者，有义务也有能力参与到生态补偿的具体实施方案中来。因此，明确企业生产给环境带来的影响、企业的环保投入以及企业为了保护生态环境所受到的损失对构建生态补偿标准具有重要的意义，而这些数据都来源于企业的环境信息披露。由此可以看出，企业在明晰环境产权的基础上充分计量和披露企业的环境信息，尤其是货币化信息，对于构建合理的生态补偿标准具有重要作用。

3. 完善、丰富生态融资渠道对企业环境信息披露有需求

目前，我国的生态补偿融资方式相对单一，政府纵向转移支付占据绝对优势，生态融资渠道体现出明显的政府主导性。当然，政府作为环境产权主体的代表，有其责任和义务大力推动生态补偿，但是在某种程度上说，政府的转移支付越多，与生态补偿的真正内涵越相冲突。在经济落后地区和生态重点保护地区，财政转移支付应当坚持执行，但是在经济条件

较好、企业分布相对集中的地区，开辟多元的生态融资渠道就显得尤为重要。要利用市场机制进行生态补偿融资，首先必须界定环境产权、明确交易规则、制定法规的执行细则，而这些金融制度的创新都离不开企业环境信息的披露。

6.3　生态补偿机制对企业环境信息披露的质量要求

上一节在环境产权视角下，详细论述了构建生态补偿机制为什么需要企业披露环境信息，本节将主要探讨生态补偿到底对企业环境信息披露提出了怎样的质量要求。

6.3.1　对信息广泛度的质量要求

不论是明确生态补偿主客体、建立生态补偿标准还是丰富生态补偿融资机制，都需要广泛的数据来源作为依据。而这种广泛又体现在两个层面上：一是披露信息的多样化，二是参与披露企业的广泛化。

披露信息的多样化主要指企业在进行环境信息披露时，信息披露的种类必须多样，能够满足构建生态补偿机制的需求。具体来说，这些环境信息可以分为三大类，分别是货币化环境信息、数量化环境信息和概念化环境信息，同时，每类信息在实际披露过程中又可以具体化为不同的信息披露内容。披露的信息种类越丰富，体现的信息多样化程度越高。

披露信息的多样化不仅体现在信息种类的多样上，还体现在披露信息数量的丰富上。毫无疑问，环境信息项目数量越多越好。在实际操作层面上，如果一个企业能够在货币化信息类别内（资产、负债、成本、收益）披露 4 项，即每个环境会计要素均有披露，在数量化信息和概念化信息类别中各披露 1 项，那么可以简单地认为这个企业的环境信息数量就基本满足使用者需求了。

因此，综合以上分析，我们可以总结出一条具体的质量要求：

质量要求 1：企业披露的环境信息内容多样，披露种类涵盖货币化、数量化和概念化环境信息；披露的环境信息数量充足，单个企业披露的环境信息项目数量大于 6 项。

披露企业的广泛化则指的是在生态补偿功能区范围内，参与披露环境信息的企业必须达到一定的比例，尤其是针对环境污染相对较重的重污染企业。如果只有零散的企业对环境信息进行披露，政策制定者就无法准确获知该区域内的整体情况，这将给生态补偿机制的设计带来很大的难度。

因此，我们可以归纳出生态补偿机制构建对企业环境信息披露的第二条具体质量要求：

质量要求 2：参与披露环境信息的重污染企业数量占企业总数的 90% 以上。

6.3.2　对信息精确度的质量要求

生态补偿机制不仅对企业环境信息披露的广泛度提出了要求，同时也对信息的精确程度有要求，精确化程度主要表现为信息的货币化和数量化两个方面。

信息的货币化方面，各项环境会计要素是披露的核心，对环境产权在会计领域细分成的环境资产、环境负债、环境成本、环境收益等会计要素进行准确计量和充分披露，是生态补偿机制在信息货币化方面对企业环境信息披露提出的具体要求。

在实际操作中，企业应该按照环境会计要素的划分对货币化环境信息进行分别披露，每个环境会计要素下再分设具体的环境会计科目，例如在环境资产要素下，分设环保专用设备资产、公益性生物资产、采矿权、排污权、碳排放权等环境会计科目。根据环境会计四要素理论，企业每个要素披露一项信息，披露总数也至少需要达到 4 项。总结上述分析，我们得出了在信息精确度层面的第一条具体质量要求：

质量要求 3：企业对环境资产、环境负债、环境成本、环境收益等各个环境会计要素均进行披露，单个企业货币化环境信息披露项目数量大于 4 项。

在信息数量化的方面，企业的环境指标和环境绩效情况是需求度最高的部分。环境指标主要是指企业在生产过程中的与环境相关的技术性指标，主要包括废气、废水、废料排放量，温室气体排放量，综合、单位产品能耗情况等；环境绩效情况主要是指企业通过各项环保措施所取得的环保成效，主要指污染物减排量、能耗降低量、能源节约量（节电、节水、节煤）等。这些数量化环境信息是确定生态补偿标准、丰富生态补偿融资机制时必需的信息，只有每个企业都对这些信息进行充分披露，才是在真正意义上满足生态补偿机制对企业环境信息的精确度要求。

从整体来看，只有当参与披露数量化环境信息的企业比例达到 60% 以上（及格水平），我们才能说环境信息披露的数量化程度比较高。因此，我们可以总结出：

质量要求 4：企业对环境指标、环境绩效等数量化环境信息进行充分披露，对数量化环境信息进行披露的企业数量占总数的 60% 以上。

6.3.3　对信息标准度的质量要求

对信息标准度的需求主要体现在两个方面：一是披露内容的统一，二是披露方式的集中。

披露内容的统一主要指企业必须采取相同的环境信息披露格式，即在表达相同或相似的环境信息时，必须采用一致的格式或是表达方式，不同企业、不同年度之间必须相同。因为生态补偿机制需要的不仅仅是一个企业一年的环境信息数据，如果不同企业之间不具有可比性、同一企业不同年度间不具有连贯性，那么在使用信息时难免出现遗漏、错误等问题，这非常不利于信息的有效利用，会给生态补偿机制的构建带来一定困难。因此，本书整理出：

质量要求 5：企业披露的环境信息内容统一，不同企业之间具有可比性，不同年度之间具有连贯性。

披露方式的集中主要指企业的环境信息必须通过一定的形式进行独立的、集中的披露，既可以是独立的环境信息披露报告，也可以是在企业社会责任报告中使用单独的章节进行统一披露。如果企业环境信息分散在企业年报的董事会报告、报表附注中，意味着信息使用者必须从上百页的年报中翻找分散于各处的环境信息，然后再自行对这些环境信息进行整理、加工，这会极大地增加信息的收集难度、降低信息的使用效率，给构建生态补偿机制带来了极大的困扰。基于此，本书提出第六条质量要求：

质量要求6：企业整合所有的环境信息，通过社会责任报告、环境报告或其他形式对环境信息进行集中披露。

6.4 长三角大都市群生态功能区企业环境信息披露现状

在明确了生态补偿机制对企业环境信息披露提出的具体要求的基础上，本书选择了长三角大都市群生态功能区的上市企业，通过分析其企业环境信息披露现状，找出披露现状与构建生态补偿机制实际需求之间的差距。

6.4.1 样本选择与数据来源

2008 年，环保部和中科院联合公布了《全国生态功能区划》，首次明确了大都市群生态功能区的概念，其中又以长三角大都市群生态功能区最具代表性。相对于其他承担着生态调节和农林产品提供任务的生态功能区，长三角大都市群生态功能区的城市集中、人口密集、企业林立，工业污染相对严重，地区经济较为发达，主要生态功能是进行人居保障。长三角大都市群生态功能区企业的环境信息披露现状从一定程度上可以反映我国经济发达地区的整体情况；而作为生态补偿机制构建的"排头兵"，分析该生态功能区的企业环境信息披露现状能否满足生态补偿构建需求，有助于找出现状与实际需求之间的差距，因此，本书选择了长三角大都市群生态功能区的上市企业作为研究对象。

在具体研究过程中，本书选择了江苏、浙江和上海三个省市的 67 家在沪市上市的重污染企业作为研究样本，通过对 2013—2014 年这 67 家上市公司年报（134 份）、企业社会责任报告（37 份）、可持续发展报告（2 份）、环境报告（3 份）的手工收集和整理，筛选出其中披露的环境信息，并进行统计分析。重污染企业的选择根据《上市公司环境信息披露指南》中所规定的 16 类行业进行手工筛选，所有上市公司报告均通过巨潮资讯网手工收集。

6.4.2　信息披露广泛度现状

根据第 3 章的分析，我们可以知道生态补偿机制在信息披露的广泛度上提出了两条质量要求，本节主要针对这两条要求，分析长三角大都市群企业环境信息披露广泛度现状。

表 6 - 1 全面地展现了样本企业的环境信息披露内容，通过表 6 - 1 我们可以清楚地看到长三角大都市群生态功能区企业的环境信息披露内容涵盖了货币化环境信息、数量化环境信息和概念化环境信息。但是具体分析每一个项目，我们发现不同的环境信息内容的披露情况差距巨大。对比2013 年和 2014 年的数据，我们发现，环境信息披露的内容在不断丰富中，环保治理投资、环保治理费用等信息披露比例有明显的上升。

表 6 - 1　　　　　　　　　　　　　企业环境信息披露内容

信息类别	环境信息披露内容	2013 年		2014 年		披露比例增减
		披露数量	披露比例	披露数量	披露比例	
环境资产	环境治理投资	19	28.36%	30	44.78%	16.42%
	环境保证金	1	1.49%	1	1.49%	0.00%
	生物资产	6	8.96%	6	8.96%	0.00%
	排污权	4	5.97%	5	7.46%	1.49%
	采矿权	6	8.96%	5	7.46%	-1.49%
	节能服务专用设施	4	5.97%	3	4.48%	-1.49%
	待摊补偿费	2	2.99%	5	7.46%	4.48%
	预付矿权款	1	1.49%	1	1.49%	0.00%
环境负债	应付资源税	5	7.46%	3	4.48%	-2.99%
	应付补偿费	1	1.49%	1	1.49%	0.00%
	递延环境收益：政府环境补助	10	14.93%	16	23.88%	8.96%
	预提排污费	1	1.49%	1	1.49%	0.00%
	应付节能减排专项资金	1	1.49%	1	1.49%	0.00%
	预计环境负债	1	1.49%	1	1.49%	0.00%
	应付矿产资源补偿费	1	1.49%	2	2.99%	1.49%

信息类别	环境信息披露内容	2013 年		2014 年		披露比例增减
		披露数量	披露比例	披露数量	披露比例	
环境成本	排污费	13	19.40%	18	26.87%	7.46%
	环保治理费	9	13.43%	14	20.90%	7.46%
	绿化费	4	5.97%	7	10.45%	4.48%
	矿产资源补偿费	3	4.48%	2	2.99%	-1.49%
	环境监测费	1	1.49%	0	0.00%	-1.49%
	环保设施运行费	1	1.49%	1	1.49%	0.00%
	河道管理费	12	17.91%	11	16.42%	-1.49%
环境收益	环保补贴	23	34.33%	27	40.30%	5.97%
	环保拨款	7	10.45%	13	19.40%	8.96%
	环保奖励	11	16.42%	18	26.87%	10.45%
	环保项目效益	1	1.49%	2	2.99%	1.49%
定量信息	污染物排放指标	13	19.40%	19	28.36%	8.96%
	综合能耗	4	5.97%	6	8.96%	2.99%
	减排量、节能量或比例	15	22.39%	17	25.37%	2.99%
	其他环境绩效	2	2.99%	4	5.97%	2.99%
定性信息	环保措施	45	67.16%	53	79.10%	11.94%
	环保风险	23	34.33%	27	40.30%	5.97%
	环保认证与荣誉	21	31.34%	20	29.85%	-1.49%
	环境应急预案	5	7.46%	7	10.45%	2.99%
	环保目标	8	11.94%	10	14.93%	2.99%

　　通过表 6-2 我们发现，样本企业披露的环境信息项目数量水平不高，2013 年平均每家企业披露的项目数量仅为 4.26；2014 年这一数值有所上升，但是仍未达到质量要求 1 中所规定的 6 项。从各个省的情况看，浙江省的环境信息披露数量较高，平均信息数量在 2014 年达到了 6.28 项，基本达到了质量要求 1 中规定的数量。

表6-2　　　　　　　　　上市公司环境信息披露项目数量

	年份	平均披露项目数量	最大值	最小值	标准差
江苏	2013	3.68	9	1	2.23
	2014	5.10	9	1	2.97
浙江	2013	5.19	11	1	2.73
	2014	6.28	13	3	2.66
上海	2013	3.96	11	0	2.91
	2014	4.93	12	0	2.91
整体	2013	4.26	11	0	2.71
	2014	5.40	13	0	2.87

同时，结合表6-1的信息披露具体内容来看，我们发现即便是披露数量达到了6条，这一数据仍然是有水分的，因为企业更多地选择披露了环保措施、环境风险、环保认证与荣誉等概念化的环境信息，并且选择同时披露多条概念化信息，这无疑将拉高披露数量大于6项的企业比例。

通过以上分析我们可以得出，本生态功能区企业环境信息披露内容多样，但实际披露水平不高、披露数量不足，没有达到质量要求1所提出的信息多样化需求。

信息的广泛度还要求参与环境信息披露的企业的广泛。根据收集的本生态功能区67家重污染企业的年报、企业社会责任报告，只有一家企业，即上海家化联合股份有限公司在2013年和2014年两年均未披露企业环境信息；上海辅仁实业（集团）股份有限公司只披露了2014年的环境信息，其余65家企业在这两年中均进行了环境信息披露，参与披露比例两年均在97%以上。所以，披露企业广泛化这一层面，现状基本符合生态补偿机制对企业环境信息披露的质量要求。

6.4.3　信息披露精确度现状

除了广泛度，生态补偿机制构建对企业环境信息披露的精确度同样提出了需求，这种精确度主要体现为货币化和数量化，本生态功能区67家重污染企业的环境信息披露精确度情况统计如表6-3所示。

表 6 - 3　　　　　　　　　　　　信息披露精确度情况

信息类别 Information Category		2013 年		2014 年	
		披露企业个数 Number	比例 Percentage	披露企业个数 Number	所占比例 Percentage
货币化环境信息	环境资产	33	49.25%	40	59.70%
	环境负债	14	20.90%	21	31.34%
	环境成本	30	44.78%	37	55.22%
	环境收益	31	46.27%	39	58.21%
数量化环境信息	环境指标、环境绩效	21	31.34%	30	44.78%
概念化环境信息	环保措施、风险等	49	73.13%	59	88.06%

在信息的货币化方面，根据表 6 - 3 的统计结果，2013 年，环境资产、环境成本、环境收益三项货币化信息披露比例在 50% 左右，而环境负债信息的披露比例更是只有 20.9%。2014 年，各项数据有一定的上升，但是均低于 60%。2013 年只有 4 家企业对这 4 项环境会计要素同时进行了披露，而 2014 年这项数字则降到了 3 家。表 6 - 4 则呈现了货币化信息披露数量大于 4 项的企业数量的统计结果，2013 年，只有 17.91% 的企业满足了质量要求，2014 年这一数据虽然有所上升，但是仍然不足四成。

因此，我们可以总结出，质量要求 3 所提出的环境信息的货币化程度没有得到满足。

表 6 - 4　　　　货币化信息披露数量大于 4 项的企业数量统计

	企业总数 All Number	2013 年		2014 年	
		企业数量 Number	比例 Percentage	企业数量 Number	比例 Percentage
江苏	19	4	21.05%	9	47.37%
浙江	21	3	14.29%	9	42.86%
上海	27	5	18.52%	7	25.93%
总数	67	12	17.91%	25	37.31%

信息精确度除了体现在货币化程度上，还体现在数量化程度上。对数量化环境信息进行披露的企业比例在 2013 年仅 31.34%，2014 年为

44.78%，甚至低于各项货币化环境信息的披露情况，距离质量要求 4 提出的 60% 还有较大差距，可以说企业环境信息的数量化程度不能满足生态补偿机制的实际需要。

6.4.4　信息披露标准度现状

信息披露标准度主要体现在两个层面，分别是披露内容的统一和披露方式的集中。

通过对 67 家企业环境信息的整理，我们发现不同企业在披露相同、相似内涵的环境信息时所用的表达方式不尽相同。例如，同样都是生态补偿费，江苏澄星磷化工股份有限公司表述为补偿费，上海爱使股份有限公司表述为矿产资源补偿费；针对排污费、绿化费这两项环境成本费用，江苏阳光股份有限公司直接将两项合二为一成为"排污绿化费"进行披露。但是同一企业在不同年度描述类似环境信息时，内容都是相对统一的，并且，一般企业在上一年度进行披露的环境信息数据在下一年度还会继续披露，信息披露具有较强的延续性。因此，针对质量要求 5，我们可以得出环境信息披露现状能够部分满足需求，但是不同企业之间的环境信息可比性仍然需要加强。

目前，企业环境信息披露方式非常分散，表 6-5 显示，2013 年和 2014 年分别仅有 26.87% 和 28.36% 的企业选择通过社会责任报告对企业环境信息进行集中披露，其余的企业环境信息分散于企业年报的财务报表附注、董事会报告、重要事项、公司治理结构等不同部分中，董事会报告以及财务报表附注是主要的披露方式。可以说，企业信息披露现状不符合质量要求 6 的规定。

表 6-5　　　　　　　　　　　环境信息披露方式

披露形式 Disclosure Forms	2013 年		2014 年	
	数量 Number	比例 Percentage	数量 Number	比例 Percentage
董事会报告	41	61.19%	54	80.60%
报表附注	52	77.61%	52	77.61%
社会责任报告	18	26.87%	19	28.36%
其他	4	5.97%	1	1.49%

6.4.5　环境信息披露现状与实际需求间的差距

总结上文，生态补偿机制构建对企业环境信息披露共提出了 6 项质量要求，其中质量要求 2，即参与披露企业的广泛度得到了得到满足，质量要求 5 中不同年度之间的环境信息具有连贯性这一部分得到满足，其余 4 项均未得到满足，可以说，环境信息披露现状与生态补偿机制构建的需求还有较大差距，具体的对比情况如表 6 – 6 所示。

表 6 – 6　　　　　　　环境信息披露现状与质量要求对比表

质量要求 Quality Requirements		现状是否满足需求 Whether Meet the Requirements	差距或提升空间 Gap or Promotion Space
简单表述 A Simple Statement	具体质量要求 Specific Quality Requirements		
广泛度 披露信息多样化	企业披露的环境信息内容多样，披露种类涵盖货币化、数量化和概念化环境信息；披露的环境信息数量充足，单个企业披露的环境信息项目数量大于 6 项	不满足	企业披露的环境信息项目数量太少，货币化、概念化环境信息数量尤其需要提高
披露企业广泛化	参与披露环境信息的重污染企业数量占企业总数的 90% 以上	满足	鼓励不属于重污染行业的企业参与披露环境信息
精确度 货币化	企业对环境资产、环境负债、环境成本、环境收益等各个环境会计要素均进行披露，单个企业货币化环境信息披露项目数量大于 4 项	不满足	货币化环境信息整体披露水平低，环境负债信息披露明显不足
数量化	企业对环境指标、环境绩效等数量化环境信息进行充分披露，对数量化环境信息进行披露的企业数量占总数的 60% 以上	不满足	披露数量化环境信息的企业比例明显不足

续表

	质量要求 Quality Requirements		现状是否 满足需求 Whether Meet the Requirements	差距或提升空间 Gap or Promotion Space
	简单表述 A Simple Statement	具体质量要求 Specific Quality Requirements		
标准度	披露内容 统一	企业披露的环境信息内容统一，不同企业之间具有可比性，不同年度之间具有连贯性	部分满足	不同企业的环境信息内容不一致，可比性较低，需统一表达方式
	披露方式 集中	企业整合所有的环境信息，通过社会责任报告、环境报告或其他形式对环境信息进行集中披露	不满足	环境信息分散，采取社会责任报告等专门报告集中披露环境信息的企业少

6.5　主要结论与启示

根据前文的分析，我们可以看出企业环境信息在广泛度、精确度和标准度上均与构建生态补偿机制的需求存在一定差距，提高企业环境信息披露水平刻不容缓。因此，针对广泛度、精确度和标准度，本章提出了如下三条政策性建议。

6.5.1　规范企业环境信息披露模式

想要提高企业环境信息披露水平，首要任务是提出一个合理的环境信息披露模式，并通过行政手段，从重污染企业到非重污染企业逐步推动该模式的实行。

目前，我国关于上市公司环境信息模式的规范文件主要是 2008 年公布的《上市公司环境信息披露指南》，但是，仍然有很多企业没有按照指南的要求进行环境信息披露，2013 年仅 3 家企业按要求披露了环境报告。此外，该指南偏重于披露概念化环境信息，环境会计信息和环境绩效信息仅作为鼓励披露的内容出现，这与生态补偿机制构建所提出的货币化、数量化要求并不相符。因此，应规范企业环境信息披露模式，并保证该模式的彻底执行将大大提高企业环境信息披露的标准度和精确度，对生态补偿机制构建提供重要数据支持。

6.5.2　推动制定行业性环境信息披露准则

各个行业的生产特点不同，在生产过程中的环境表现和环境管理侧重点均不相同，如果"一刀切"地对所有行业进行统一的环境信息披露要求，不仅会给企业造成很多不必要的困难，还有可能出现披露的环境信息脱离企业实际生产，加剧披露的信息不需要、需要的信息不披露的供需矛盾。

因此，政府可以制定相关政策，引导各个行业协会结合本行业的生产特点和环境管理水平，制定符合本行业环境信息披露特点的行业性环境信息披露准则。行业性的环境信息披露准则本身就是信息标准化的一种体现，而在行业性准则下，企业披露的环境信息可以更加广泛和精确，更大程度上满足生态补偿机制构建对企业环境信息披露的需求。

6.5.3　制定奖励措施，鼓励自愿性环境信息披露

企业自愿性环境信息是强制性环境信息的有力补充，企业结合自身特点披露的自愿性环境信息对于丰富企业环境信息内容、提高企业环境信息广泛程度具有重要作用。但是目前我国企业的自愿性环境信息披露仍然不足。中国证监会和国家环保总局应进行沟通，尽快推出有关奖励措施，对披露较多自愿性环境信息的企业做出奖赏，来提高企业自愿披露环境信息的积极性，从而更好地满足信息使用者的需求。

此外，在进行表彰和奖励时应该考虑到公司规模和企业性质，对不同规模、不同性质的企业分开表彰，并可适当向规模较小、非重污染行业的企业倾斜，以激发这些企业自愿性环境信息披露的热情。

第7章 环境规制是否提升了中国企业生产率

7.1 问题的提出

近几年来，环境规制与企业生产率之间的关系问题成为学术界关注的热点问题之一（金碚，2009）。事实上，环境规制对生产率的影响及程度的大小是评价环境规制政策有效性的重要标准之一，因为它不仅反映了规制政策本身的有效性，同时也反映了被规制方为转化规制带来的不利影响的能力和水平。有关环境规制与生产率的关系，经济学家们在最近十多年的研究中取得了不少进展，但也留下了诸多的争论。

在理论研究方面，"波特假说"（the Porter Hypothesis）的提出具有开创性的意义，波特将动态创新机制引入其分析框架，认为通过"创新补偿"和"先动优势"，环境规制与企业生产率可以实现"双赢"（Porter，1991；Porter 和 van der Linde，1995）。此后，研究者对"波特假说"进行了发展或批判，争论持续至今。在实证研究方面，自"波特假说"被提出后，许多国外研究者就开始对该假说进行实证检验，研究主要集中在产业和企业层面，并以 OECD 国家为主要研究对象。如 Berman 和 Bui（2001）对洛杉矶的冶炼业进行研究后，发现 20 世纪 80 年代晚期以来，尽管对空气污染的控制在不断提高，但该地区冶炼业的生产率比美国其他地区的冶炼业有较高的生产率，这意味着污染控制投资提高了企业生产效率。Hamamoto（2006）使用日本制造业数据进行研究，发现环境规制提高带来的压力能刺激产业的创新活动，从而对企业生产率具有显著的正向推动作用。考虑到发达国家与发展中国家的差异，一些研究者对发展中国家是否也出现"双赢"局面进行了检验，如 Alpay 等（2002）在研究墨西哥食品加工业时发现，20 世纪 90 年代晚期以来面临不断加强的环境规制，该国食品加工产业的生产率在不断地增长，他们估计环境管制强度每提高 10%，会带动 2.8% 的生产率增长。Murty 和 Kumar（2003）对印度企业的研究表明，企业的技术效率会随着环境规制的严格而提高。

不过，也有一些实证研究发现环境规制对企业生产率产生了负面影响。这些研究认为，环境规制给企业造成了额外的成本负担。一方面，企业为控制污染所花费的直接成本；另一方面，被规制企业的某些生产要素价格的提高而造成的间接成本，也即环境规制可能会引起"挤出效应"。因为企业在环保设施上投入的财力、人力和技术资源不会产生直接的生产价值，而且这些会投资挤占企业在其他方面的投资，从而拖累了企业的生产率（Jaffe 等，1995；Gray 和 Shadbegian，1995）。

国内的研究主要是使用中国数据来检验"波特假说"在中国的存在性，研究主要在地区和行业层面进行。白雪洁等（2009）对中国省级火电行业的环境规制与技术效率的关系进行分析。结果表明，环境规制有利于各地区火电行业的技术效率提升，在一定程度上符合"波特假说"。赵红（2008）对 18 个产业的研究和张红凤（2009）对山东省污染密集型产业的研究也得出了类似的结果。李钢等（2010）研究了环境成本上升对中国工业利润的影响程度，结果表明，中国工业已经完全有能力承受较高的环境标准。张成等（2020、2011）对 1996—2007 年中国工业部门全要素生产率与环境管制及强度的关系进行的研究，发现环境规制及其在给中国工业带来一定"遵循成本"的同时，也能够激发"创新补偿"效应，并且这种效应大于"遵循成本"，但这种关系在地区之间存在差异。从长远来看，环境规制及强度和生产率仍然可以实现"双赢"。

通过对以上文献的分析，可以发现，研究者们在这一问题的研究上得出了不同的结论。Telle 和 Larsson（2007）认为这可能是因为研究者使用的数据和研究方法造成的，他们自己使用挪威企业数据进行了研究，结果发现考虑环境规制因素后的生产率与环境规制呈现显著正相关，反之则呈现不显著的负相关。

总体而言，这个领域的研究在国内仍处于探索阶段。特别需要指出的是，限于微观数据的缺乏，国内从企业层面对环境规制与生产率结合起来的系统研究较为缺乏。事实上，从微观企业层面对环境规制与生产率的关系进行研究，对评估现行环境规制政策，判断政策的有效性具有重要意义，而且这样的研究还会为政府制定相关产业的环境规制政策提供参考依据。

与已有文献相比，本书的贡献在于：一是立足于中国企业的微观层面来研究环境规制与生产率的基本关系，评价环境规制的效果，为宏观层面的环境政策的制定提供微观证据；二是使用微观企业数据，从而可以观测企业本身的效率特征与环境规制的关系，这是行业或地区加总数据无法做到的；三是除了使用 OLS 估计方法，本书使用了 Tobit 模型，从而使回归的结果更为准确。

7.2　理论分析

为了刻画环境保护对生产率的影响，我们借鉴 Christainsen 和 Tietenberg（1985）建立的一个微观企业生产模型来进行说明。该模型假定企业投入的要素市场是完全竞争的，考虑一个二次可微的生产函数：

$$Q = F(K, L, R, A) \tag{1}$$

其中，Q 表示产出，K 和 L 分别表示资本和劳动投入，R 表示环境管制或环保投入，A 表示随时间 t 而变化的技术进步因素。

用（1）式的对数对时间 t 求导，可以得到：

$$\frac{dQ}{dt} = \frac{\partial \ln Q}{\partial \ln K} \cdot \frac{d \ln K}{dt} + \frac{\partial \ln Q}{\partial \ln L} \cdot \frac{d \ln L}{dt} + \frac{\partial \ln Q}{\partial R} \cdot \frac{dR}{dt} + \frac{\partial \ln Q}{\partial A} \tag{2}$$

（2）式表明，企业产出的增长等于投入增长之和，加上环境管制或规制强度的变化率，再加上技术进步率。而在完全竞争要素市场上，企业每种资本和劳动要素的对数的边际产出等于产出中对应资本和劳动的成本份额乘以规模经济程度，为简化分析，我们可以假定企业规模收益不变。由此可得：

$$v_g = v_R \frac{\mathrm{d}R}{\mathrm{d}t} + v_A \tag{3}$$

（3）式表明，假设企业投入不变，生产率的增长（v_g）仅受到环境管制或规制强度（v_R）和技术变化（v_R）的影响。如果 v_R 等于零，则环境管制或规制强度的变化对生产率增长没有影响。如果 v_R 大于（或小于）零，则环境管制或规制强度对生产率增长有正向（或负向）影响。正如前文所述，一些经济学家担心企业应对环境规制的投入会占用企业研发资金，从而阻碍技术革新，最终影响企业生产率。事实上，企业在此方面的投入，特别是投入在减污方面的技术创新，虽然短期内会占用企业的研发费用，但在长期内这并不一定会影响到所有企业。从而表现为：在现实中，既有通过加强环境管制或对偏向环保的技术进行投资，推动了技术革新，提高了生产率的事例，也有相反的事例出现。

在理论模型分析的基础上，下面本书将使用中国企业调查数据来具体分析环境规制及其强度对企业生产率的影响及其机制。

7.3 研究设计

1. 变量选取

首先是因变量。对企业生产率指标的选择一直是相关研究难点，同时，测算企业层面的效率的方法也有多种，但是，这些方法各有利弊。不同国家所处的经济发展阶段、发展模式、制度差异以及数据来源的局限性，不同测算的方法就具有不同的适用性。考虑到中国所处于的经济与制度转型阶段且作为发展中大国的双重背景，我们选择测算企业生产率的方法，必定要切合处于特定转型背景下的中国企业的实际特点。结合本书使用的数据，我们使用两个指标来衡量企业生产率：劳动生产率，这个指标衡量劳动力的使用效率；全要素生产率，这个指标反映了企业剔除资本、劳动要素后的技术进步（测算使用的软件为 DEAP2.1）。在测算中，我们以企业从业人员平均人数和企业固定资产净值年均余额分别表示劳动和资本投入，以产品销售收入表示产出（2011）。

对于自变量。如何测度环境规制是研究中最需要注意的一个问题，我们关注环境规制与企业生产率之间的关系，选择恰当的环境规制指标，在很多情况下，对经验研究结果有显著的影响（2001）。在我们使用的调查数据中，我们用过去三年在环保方面的投资作为环境规制变量，使用这个指标的好处是可以度量环保投入的滞后效应。对于环境规制强度变量，一般可以用企业对污染控制的努力程度、承受的成本和直接测量三个方面进行衡量（1996），考虑到中国环境保护的实际问题主要是"有法不依"（环境管制执法强度需要提高）的问题，而不是"无法可依"（环境管制标准强度需要提高）的问题。我们使用 2005 年企业在环保方面的运营费用作为环境规制强度变量。

关于控制变量。在考察企业生产率的影响因素时，还应控制一些与企业生产率紧密相关的变量，综合相关的理论和本书所使用的数据，我们选择以下指标：①人力资本。一般人力资本越高的企业，其生产率也越高，我们用企业员工中大学（及以上）学历的员工占员工总数的比例来衡量企业人力资本。②出口。有研究认为通过"出口中学习效应"可以使企业生产率得到提高（2009），我们使用企业 2005 年产品（服务）销售中出口占总销售额的比例来衡量出口指标。③规模因素。企业规模是导致企业生产率异质性的主要来源之一，效率越高的企业，其规模应该越大。我们按照企业员工的数量设置了相应的虚拟变量。④市场力量。企业越是具有较高的生产率，其在行业中的市场份额就越高。我们用企业主要产品的"市场的竞争程度"来反映企业在国内的市场力量。⑤区位。企业的技术获取能力、中间投入品的购买等与企业所处区位紧密相关，从而区位也会对企业的效率产生很大的影响，我们按照企业所处地理位置设置了相应的虚拟变量。

考虑到企业的所有制类型特征差异，我们还加入了企业是否为外商投资企业、港澳台企业、民营企业以及国有企业的虚拟变量，采用分组的虚拟变量形式，以国有企业为基准组，考察企业的所有制差异对于生产率的影响效果。除以上刻画单个企业特性的变量外，我们还控制了企业所处的行业（2 分位）以及企业所在城市两组虚拟变量，考察不同行业、城市与企业生产率的关系，以上相关变量定义见表 7 - 1。

2. 模型构建

借鉴以上研究成果，并且结合我们所使用的数据，我们建立如下计量模型：

$$PRO_i = \alpha_0 + \alpha_1 REGU1_i + \alpha_2 X_i + \varepsilon_i \tag{4}$$

$$PRO_i = \beta_0 + \beta_1 REGU2_i + \beta_3 X_i + \gamma_i \tag{5}$$

其中，i 表示不同的企业，X 表示一系列控制变量，γ 和 ε 表示随机误差项。

表 7 - 1   变量界定及定义

变量		符号	定义
因变量	企业生产率	PRO	劳动生产率：销售额/员工人数 全要素生产率：DEA 法估算
自变量	环境规制 环境规制强度	REGU1 REGU2	企业过去三年在环保方面的设备投资额（万元） 2005 年企业在环保方面的运营费用（万元）
控制变量	人力资本	HUM	大学及以上学历员工占员工总数的比例
	出口	EXP	产品/服务销售中，出口占总销售额的比例
	企业规模	SIZE1	小型企业为基准组，中型企业取 1，其他取 0
		SIZE2	小型企业为基准组，大型企业取 1，其他取 0
	市场力量	MAR1	竞争激烈为基准组，竞争适中取 1，其他取 0
		MAR2	竞争激烈为基准组，竞争低取 1，其他取 0
	行业	IND1	制造业取 1，其他取 0
		IND2	电力煤气及水的生产和供应业取 1，其他取 0
	所有制	OWN1	国企为基准组，国内私营企业取 1，其他取 0
		OWN2	国企为基准组，港澳台企业取 1，其他取 0
		OWN3	国企为基准组，外资企业取 1，其他取 0
	区位	WEST	东部为基准组，西部取 1，其他取 0
		CENT	东部为基准组，中部取 1，其他取 0
	所在城市	CITY	以北京为基准组，企业所处城市取 1，其他取 0

3. 数据说明

本书使用的数据源于 2006 年世界银行和国家统计局进行的一次工业企业调查，具体而言，使用的数据来自两个方面：一是国际金融公司委托北京大学中国经济研究中心进行的一项关于企业社会责任的调查，问卷的内容涉及劳动保护、环保管理、市场环境、政府监管等方面。为了保证该样本代表了真实的企业分布状况，调查采取了两层的抽样策略。将企业分成四种主要的类型，即国有企业、国内私营企业、港澳台企业和外资企业，按各样本城市中每类企业的份额来抽取企业。二是国家统计局提供的这些样本企业在 2000—2005 年的财务人员信息，包括雇用人数、总利润、税收、总销售额等信息。遗憾的是，由于调查数据没有 2000—2005 年全部环保投入数据，只给出了 2005 年单独一年的数据，因此我们只用了 2005 年的横截面数据。另外，出于研究目的，我们剔除了部分无效样本。

7.4　结果与讨论

1. 对多重共线与异方差问题的修正

对横截面数据进行计量分析，必须注意可能存在的多重共线性和异方差问题。通过观察解释变量的 Pearson 相关系数矩阵，发现除环境规制及其强度变量、企业地区的分布与城市变量之外，其他变量之间相关系数绝对值一般都在 0.25 以内，因此，我们将以上两组指标变量依次纳入模型中进行多次逐步回归，以避免严重的多重共线性问题。为了减少模型中可能存在的异方差问题对估计结果稳健性影响，我们采用 White 所推导出的异方差一致协方差矩阵，对模型回归结果的标准误差和 t 统计值进行了修正，这既使得 OLS 方法的结果更为稳健可靠，又可一定程度上消除模型的异方差问题。使用 DEA 方法得出的全要素效率，其取值范围为 (0, 1]，数据因而被截断，不适合线性方法直接进行回归，通常使用 Tobit 模型。

2. 实证结果分析

从回归的结果可以看出，在控制了人力资本、企业规模、出口、市场力量、行业、地理位置、所有制及城市这些因素后，环境规制及其强度变量与企业生产率呈现正向关系，而且其系数和显著性都表现出相当的稳健性，即环境规制及其强度与企业生产率的"双赢"在回归结果中得到了验证（见表7-2）。

表7-2　环境规制、环境规制强度与企业生产率关系的回归结果

	模型1	模型2	模型3	模型4	模型5	模型6	模型7	模型8
REGU1	0.006***	0.007***			0.071***	0.098***		
	(4.26)	(5.53)			(3.65)	(5.11)		
REGU2			0.004***	0.007***			0.053**	0.096***
			(3.10)	(5.01)			(2.46)	(4.44)
HUM	0.008***	0.010***	0.007**	0.008**	0.120***	0.146***	0.096**	0.112***
	(2.73)	(3.14)	(2.23)	(2.54)	(2.89)	(3.52)	(2.31)	(2.70)
EXP	-0.0001*	-0.0001	-0.0001**	-0.0001**	-0.004***	-0.004***	-0.006***	-0.005***
	(-1.84)	(-1.64)	(-2.51)	(-2.43)	(-3.64)	(-3.19)	(-4.26)	(-3.93)
SIZE1	0.026***	0.028***	0.030***	0.029***	-0.328***	-0.304***	-0.267***	-0.265***
	(5.06)	(5.62)	(5.37)	(5.60)	(-4.05)	(-3.78)	(-3.21)	(-3.24)
SIZE2	0.074***	0.075***	0.083***	0.080***	-0.278**	-0.286**	-0.167	-0.223*
	(7.61)	(8.22)	(8.63)	(8.80)	(-1.97)	(-2.12)	(-1.20)	(-1.66)
OWN1	0.030***	0.040***	0.036***	0.042***	0.444***	0.589***	0.569***	0.658***
	(3.78)	(5.41)	(4.90)	(5.97)	(3.70)	(5.49)	(4.99)	(6.32)
OWN2	0.029***	0.038***	0.041***	0.046***	0.434***	0.525***	0.628***	0.653***
	(2.66)	(3.76)	(3.79)	(4.47)	(2.65)	(3.45)	(3.76)	(4.19)
OWN3	0.039***	0.041***	0.043***	0.045***	0.658***	0.676***	0.740***	0.785***
	(3.99)	(4.35)	(4.44)	(4.96)	(4.39)	(4.80)	(5.03)	(5.69)
CENT		-0.023***		-0.023***		-0.607***		-0.590***
		(-4.09)		(-3.98)		(-7.35)		(-6.75)
WEST		-0.035***		-0.033***		-0.375***		-0.408***
		(-6.33)		(-5.74)		(-4.61)		(-4.78)
MAR	控制	控制	控制	控制	控制	控制	控制	控制
IND	控制	控制	控制	控制	控制	控制	控制	控制
CITY	控制	否	控制	否	控制	否	控制	否
常数项	0.759***	0.763***	0.759***	0.752***	4.398***	4.515***	4.434***	4.429***
	(32.58)	(34.29)	(30.03)	(33.71)	(15.19)	(16.27)	(15.87)	(17.23)
Wald	302.22***	372.35***	336.05***	409.92***				
调整后 R^2					0.250	0.164	0.240	0.167
样本数	763	763	731	731	763	763	731	731

注：*、**、***分别表示参数估计值在10%、5%、1%水平上显著，括号中数值表示经过稳健性修正后的t值。

首先，环境规制与环境规制强度变量。在模型 1 – 4 中，因变量截断数据，使用 Tobit 模型。表 7 – 2 显示，Wald 统计量非常显著，表明 Tobit 模型在整体上回归有效。模型 1 和模型 2 重点检验了环境规制与企业效率之间的关系，结果表明环境规制与企业生产率之间的存在正向关系，并且其系数在 1% 水平上显著为正。

模型 3 和模型 4 表明，环境规制强度与企业生产率也存在正向关系，其系数在 1% 水平上显著为正，表明如果环境规制强度增加 10%，则企业生产率会上升 0.5% 和 0.7%。另外，从调查数据的统计看，在 2005 年全部有环保运营费用的企业中，其环保运营费占企业销售额平均水平仅为 0.03%，这个数据和李刚等（2010）的研究结论相一致，我们的研究结果说明，对企业的环境保护成本而言，即使中国政府实施了更严格的环境保护标准，其对中国企业成本的影响也是十分有限的，更进一步，这说明中国工业完全有能力承受较高的环境标准。回归结果说明，目前中国企业已经有能力接受较高的环境保护标准，甚至把提高环境质量作为提升竞争力的一种重要方式，同时，这也表明"波特假说"中提出的"双赢"结果在中国企业中得到了证实。

在模型 5 – 8 中，因变量是企业劳动生产率，我们将其和使用 DEA 法测算的生产率的相关性进行了研究，两种方法的相关系数为 0.6，且在 1% 水平上显著，表明两种研究结果有较高的一致性。结果表明，环境规制及规制强度变量的符号在 1% 水平上显著为正，这与我们的预期相符，因此，我们认为环境规制及其强度的提高将有助于企业生产率的提高。

综合以上实证研究结果，说明在中国企业的发展过程中，随着环境规制及其强度的不断提高，企业生产的"清洁度"也不断提高。比如自 1990 年以来，国家不断加强对环境监督和管理的力度，但这并没有对中国制造业的国际竞争力产生不利影响，那么，我们可以推测，环境保护与中国企业生产率两者之间可能存在长期的正向关系。

企业所有制变量。研究发现，控制了环境规制及强度的影响后，与国有企业相比，外商投资企业的生产率提高程度要显著高于港澳台投资企业和国内民营企业。而且，进一步我们可以发现，国内民营企业和港澳台投资企业的生产率差距已经较小，也即环境规制对两类企业的生产率的影响相差不大。这个结果的政策含义是，未来的环境规制政策对外商投资企业、国内私营企业和港澳台投资企业应同等对待，这样可以最大限度地避免发达国家为降低污染治理成本，而将污染密集型产业转移到中国。

区位虚拟变量。研究发现，控制了环境规制及强度的影响后，相比东部企业，位于中西部地区的企业其生产率分别下降 2.3% 和 6.1%，这表明环境规制及其强度加大对中部地区和西部地区的影响较大，这也反映了我国中西部地区的企业发展更多的是仰赖于地区自然资源和较低的环境标准。

关于市场力量变量、行业虚拟变量、城市虚拟变量，由于不是本书讨论的重点，这里不做详细讨论。

7.5　稳健性检验

为了保证计量模型各变量回归结果的稳健性，我们又采用了如下的稳健性的测试方法：其一，对中国企业生产率的提升而言，很大程度上与凝结在生产装备中的资本规模因素相关，我们使用资本—劳动比率（企业固定资产总额/企业员工数）来反映企业生产率（模型 9 – 12）。这个指标反映的是企业人均资本占有量所体现出的企业资本装备水平或资本密集程度。很显然，企业的资本—劳动比率越高，企业越偏向于采用资本装备水平较高或资本密集型的生产方式，从而企业通过依靠提高资本装备水平途径获得企业生产率提升的可能性就越大。其二，用企业是否获得 ISO 14000 认证（环境监督标准）代替原来的环境规制强度变量（模型 13 – 14），企业为获得该认证，将对企业环境管理采取更为严格的措施，因此该指标可以反映企业对环境保护重视的程度。

我们的稳健性测试方式的回归结果显示（见表 7 – 3），使用新的测度生产率的指标和新的环境规制强度指标的回归结果与之前的回归结果相比，我们重点关注的环境规制及其强度变量的系数符号和显著性都没有发生本质性的改变。总之，稳健性检验结果表明，中国企业生产率与环境规制是可以实现"双赢"，中国企业也有能力应对严格的环境规制。

表7-3 稳健性检验结果

	模型9	模型10	模型11	模型12	模型13	模型14
REGU1	0. 109 ***	0. 122 ***				
	(5.36)	(5.83)				
REGU2			0. 103 ***	0. 119 ***	0. 154 *	0. 175 **
			(4.30)	(4.97)	(1.93)	(2.14)
HUM	0. 089 *	0. 142 ***	0. 084 *	0. 115 **	0. 176 ***	0. 172 ***
	(1.79)	(2.83)	(1.65)	(2.25)	(4.70)	(4.61)
EXP	-0. 007 ***	-0. 007 ***	-0. 007 ***	-0. 006 ***	-0. 004 ***	-0. 004 ***
	(-5.11)	(-4.89)	(-4.49)	(-4.20)	(-3.89)	(-3.65)
SIZE1	-0. 142	-0. 057	-0. 060	-0. 006	-0. 199 ***	-0. 148 **
	(-1.37)	(-0.57)	(-0.62)	(-0.06)	(-2.69)	(-2.03)
SIZE2	-0. 011	0. 075	0. 062	0. 095	-0. 029	-0. 001
	(-0.09)	(0.66)	(0.54)	(0.84)	(-0.22)	(-0.01)
MAR	控制	控制	控制	控制	控制	控制
IND	控制	控制	控制	控制	控制	控制
OWNER	控制	控制	控制	控制	控制	控制
REGION	否	控制	否	控制	否	控制
CITY	控制	否	控制	否	控制	否
常数项	4. 299 ***	4. 304 ***	4. 525 ***	4. 536 ***	4. 356 ***	4. 393 ***
	(12.92)	(13.69)	(13.59)	(16.17)	(17.32)	(16.79)
样本数	782	782	760	760	996	996
调整后 R^2	0. 276	0. 203	0. 260	0. 203	0. 223	0. 129

注：*、**、***分别表示参数估计值在10%、5%、1%水平上显著，括号中数值表示经过稳健性修正后的 t 值。

7.6 主要结论与启示

本章以2006年1000多家中国企业数据为样本，考察了环境规制、环境规制强度对企业生产率的影响及作用机制，得出如下基本结论：①环境规制与企业生产率之间存在着稳定、显著的正向关系，一定程度上反映出我国企业的发展并没有因为环境规制带来的成本上升而受到影响，由此为我们制定相应的环境规制政策提供了参考。这一结论不仅说明中国企业有能力承受更高的环境标准，也说明我国的污染控制政策对企业实现污染减排起到了积极作用，在我们的研究中，这种作用主要是通过污染排放罚款收费制度实现的。②环境规制强度与企业生产率之间也存在稳定、显著的正向关系，这说明中国企业有能力承受更高的环境标准，也说明我国的污染控制政策对企业实现污染减排起到了积极作用。③在面对环境规制压力下，不同的规模和不同的区位的企业生产率具有不同表现，这表明规模和区位的企业对环境成本上升带来的压力的消化能力是不一样的，未来的环境政策要充分考虑到这些不同。

本章的政策含义也很明显。首先，对企业决策者们而言，应转变以往一贯持有的环境规制及其强度的提高会导致企业生产率下降的错误理念，以积极主动的姿态应对政府的环境保护措施。其次，在面对环境规制及其强度不断提高情况下，不同的企业可以采取不同的应对措施，国内的企业应该最大限度地利用政府的一些相关扶持政策，在环保技术创新上加大投入，实施制度创新、技术创新和管理创新，提高对资源的利用效率和技术水平，逐步降低生产成本，从而尽快消化环境规制压力。再次，对违反环境保护政策的企业，政府应进一步提高污染收费标准，使现行政策真正能对企业采纳更清洁生产技术产生激励效果。最后，由于中国处于经济社会转型时期，国内各地区经济发展水平差异巨大，因而政府应实施严格而有弹性的环境规制政策，对自愿实施清洁生产的企业要采取多种方式的援助。

第8章 我国环境会计信息披露研究的阶段性综述

8.1 问题的提出

可持续发展要求经济增长与环境保护相统一，"十三五"规划带来经济上一系列改革，同时将生态文明建设写进目标。环境会计作为反映和监督与环境有关经济活动的工具，助力生态文明建设。作为环境会计的一部分，环境会计信息披露在经济建设和生态建设之间发挥着重要的媒介作用，加强此领域的研究势在必行。

本书旨在运用文献计量分析方法对 2000 年国内环境会计信息披露的研究进展进行较为系统的梳理，进而为推进我国环境会计信息披露的发展寻找有价值的借鉴经验。

8.2 文献来源和数据处理

本书以《中国知识资源总库（CNKI）》为数据源进行分析。在 CNKI 的检索条件为：期刊年份是 2000—2015 年，主题是环境会计信息披露，其他为默认设置。这样，最大限度地检索了 2000 年以来所有相关文献，以保证研究结论的准确性。

剔除条件如下：由于本书研究目的是基于中国期刊考察环境会计信息披露的研究进展，因此主要关注公开发表于期刊的文献，而相关专注、会议论文、学位论文等则不在考察之列。同时，考虑到权威性，剔除了非核心期刊文章，选择核心期刊文献为研究对象。中文核心期刊是指北京大学图书馆每四年出版一次的《全国中文核心期刊要目总览》中列出的期刊，本书以 2015 年最新版本为基础。最终，获取有效的核心期刊论文总计144 篇。

本书主要采用文献计量分析法，定量分析论文的题录信息，采用数学与统计学方法来描述、评价和预测我国环境会计信息披露的现状和发展趋势，分别从研究现状（论文规模和发表年份）、研究内容（主题及视角）、研究方法和研究群体等角度展开分析，并进行相关讨论。

8.3　研究概况

8.3.1　研究进程的分析

如图 8 - 1 所示，2000—2015 年以"环境会计信息披露"为主题的核心论文数量一共 144 篇，其中平均值为 9.6 篇，最低值是为 2000 年和 2004 年为零篇，最高值为 2010 年 21 篇。值得注意的是，2007 年以前的发文量少，此后进入爆发期，2007—2012 年合计发文 98 篇，占 15 年总数的 68.06%。

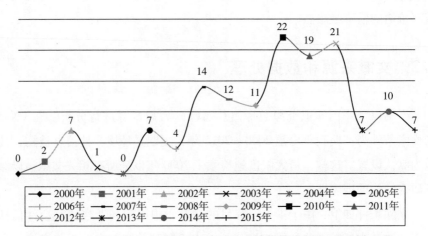

图 8 - 1　2000—2015 年我国环境会计信息披露领域在核心期刊发文量

　　笔者认为，这一现象很大程度源于 2007 年国家环境保护总局发布的《环境信息公开办法（试行）》，该文件引起各行各业对环境信息的关注，带动了学者们对环境会计信息披露领域研究的热情。但这种热度在 2012 年以后有了明显降温，2013 年的发文量比前年下降了 66.67%，之后的两年保持相同水平。

　　2015 年，"十三五"规划公布，生态文明建设首次写入目标，今后的 5 年乃至更长的一段时间，环境会计信息披露仍然会是人们关注的重点，核心期刊的发文量迎来又一次高潮。

8.3.2　文献刊物分布

　　布拉德夫定律认为，大量的专业论文在相关期刊的数量呈不均匀分布，其出现次数与所刊登物的专业密切程度有关。如果根据刊登论文的递减顺序排列，可以把期刊分为关注这个领域的核心区、相关区和非相关区。为了获取核心区，我们根据比利时情报学家埃格黑的布拉德福核心区数量计算法，即 $r_0 = 2\ln(e^{E*}Y)$。式中，r_0 为核心数量，E 为欧拉系数，值为 0.5772，Y 为最大载文量期刊的载文量。$r_0 = 2\ln$（1.7818×40）$\approx$ 8.5，取整得 9，即处于核心区域的期刊有 9 种。由于载文量为 2 篇的核心期刊数量较多，所以选取了 3 篇以上的期刊共 7 种来定位核心区，分别是《会计之友》《财会通讯》《财会月刊》《企业经济》《会计研究》《审计与经济研究》和《中国注册会计师》。这 7 种期刊占总数的 72.2%，载文量 104 篇，可见，这 7 种是环境会计信息披露研究的核心刊物（见表 8 - 1）。

表 8 - 1　　　　　我国环境会计信息披露研究的核心刊物

期刊	载文量	比率（%）
会计之友	40	27.8
财会通讯	39	27.1
财会月刊	10	6.9
企业经济	5	3.5
会计研究	4	2.8
审计与经济研究	3	2.1
中国注册会计师	3	2.1

从数量上来看，环境会计信息披露这一领域的文章主要受到会计类核心期刊的关注，还有部分经济类期刊，比如《企业经济》和《审计与经济研究》。除了核心区域的刊物，还有大量刊载量较小的刊物，主要涉及环境保护类、统计类以及大学学报。

从质量上来看，环境会计信息披露这一领域发表的高水平期刊量较少。CSSCI 来源期刊即南大核心，受到了学术界的广泛认同，从影响力来讲，其等级属同类划分中国最权威的一种，入选难度高于北大核心。从表 8 - 1 的核心刊物可以看出，符合 CSSCI 来源的有《会计研究》和《审计与经济研究》共发文 8 篇，占核心区的 7.7%。由此看出，环境会计信息披露方面的论文质量还有待提高，需要该领域的学者进一步探索。

对于该领域的研究生和学者来说，把投稿的方向集中在会计类期刊较为合适，同时经济类、环境类也可以考虑。如果论文的实证方面有创新或有数学经济模型分析，可以尝试统计类期刊。

此外，对这些期刊分析可知，环境会计信息披露设计的领域较为广泛，包括会计学、经济学、生态学、统计学、社会科学、信息科技等学科的核心期刊，说明环境会计信息披露这一概念认同度高，受到广泛的认可。由于环境信息是一个涉及较广的领域，多学科的参与对这一领域的理论和实践都有重要指导意义。

8.4　研究热点分析

我们接下来对我国环境会计信息披露领域做进一步分析，主要考察研究方法、研究主题、高产作者和高产区域分布四个方面。

8.4.1　研究方法

我们把环境会计信息披露研究所采用的方法分为规范、实证、案例、综述四类，并用 Excel 进行手工整理，统计结果报告如图 8 - 2 所示。

图 8 - 2 显示，规范研究目前仍是我国环境会计信息披露研究的主流方法，其占一半。相比而言，采用统计学或计量学进行的实证研究文献

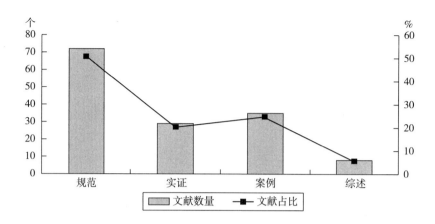

图 8 - 2　我国环境会计信息披露核心期刊文献所运用的研究方法

只占 20.1%。值得关注的是，案例研究已成为国内专家对环境会计信息披露分析不可或缺的方法，其占比 24.3%。综述法研究占比最少，只有 5.6%。

整体来看，由于环境会计信息披露属于环境会计学范畴的内容，而会计学大多采用规范研究，所以规范研究方法一直占主导。近年来，实证研究已成为论文撰写的主流趋势，具有鲜明的直接经验特征，此方法的运用在环境会计信息披露领域将会逐渐增多。用案例研究法的相关文献中，主要包括省份、行业、个别企业三种形式为案例，随着学术研究的专业化，这一方法还将发挥重要作用。此外，综述性文章在任何研究领域都处于辅助地位，发文量少也是在情理之中。

8.4.2　研究主题

研究主题说明了学者关注的相关领域的内容是什么，因此，对研究主题进行分析有助于揭示环境会计信息披露的热点及趋势。本书将环境会计信息披露的主题划分为 5 个视角：特征视角、影响因素视角、价值相关性视角、国际视角以及其他视角。其中，特征视角主要包括以下内容：披露制度、披露模式、披露要素等；国际视角包括对国外的分析和中外对比两种类型；其他视角包含的是除了前面四个视角以外的主题，此外为了防止重复统计，如果一篇论文同时涉及多个视角也归为其他视角这一项。按照上述标准对 144 篇核心期刊进行逐一分类，并进行汇总统计，如图 8 - 3 所示。

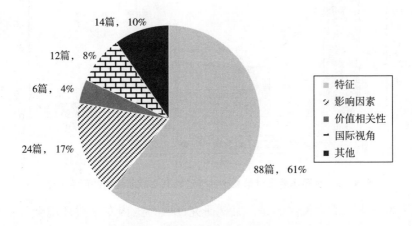

图例：
- 特征
- 影响因素
- 价值相关性
- 国际视角
- 其他

14篇，10%
12篇，8%
6篇，4%
24篇，17%
88篇，61%

图 8 - 3　环境会计信息披露主题分布

可以看出，关于信息披露特征的研究较多，占 61%，其次是信息披露的影响因素视角和国际视角，分别占 17% 和 8%，关于价值相关性视角最少，仅占 4%，此外其他视角占 10%，说明综合性的论文也占一部分比重。由于研究主题是环境会计信息披露研究的重点，因而以下对各视角分别分析。

从研究特征看，特征视角主要包括披露制度、模式、要素等，从数据可以看出，2000 年以来学者们在这方面投入了足够精力。

环境信息披露制度把学者们的相关研究归纳为以下几点。①政府部门和注册会计师协会发挥主导作用，推动企业进行环境会计信息披露（谢芳，2014）。②加强对违规者的监督惩罚机制，解决环境信息失真的问题。③采用一些过渡方法，选择一些有代表性的对环境敏感型的企业作为试点，比如要求重污染行业上市公司在发布年报的同时发布年度环境报告（李长熙，2013）。④国家应将环境会计的实施作为一项系统的社会工程，加强对环境会计的宣传教育。笔者认为，法律与道德双管齐下，可以让我国的环境信息披露上一个新的台阶，在操作中，先把工作重心放在污染行业的上市公司以及采取试点，这些都是合理的。

环境信息披露模式的发展目前主要有两种观点。一种观点将环境会计信息项目加入传统的财务报表之中，如杨红、刘俊丽（2014）认为构建由环境会计信息与财务会计信息共同组成的完整的会计报表体系。另一种观点是将环境信息单独披露出来，即设计一张独立于三大报表的"环境会计报表"，包括报表主体与报表附注（孙令飞，2012）。可以看出，近年来模式方面主要还是停留在独立与非独立的争论。

环境信息披露要素。目前，大多数公司仅披露了排污费和环保设备投资费用，而企业环境信息披露的重点应是环境资产、环境负债和环境风险等，支持这一观点的包括尤艳馨（2011）和米志强、谢瑞峰（2014）等。

从影响因素看，环境会计信息披露的实证研究主要集中在影响因素这一视角，并且此视角的研究主要集中在2011—2015年，这五年的相关研究在本书的时间跨度内占绝大部分比重。大部分的实证文章研究过程主要是假设、选取样本数据、拟定因变量自变量、多元线性回归、得出结论。笔者把影响因素分为三部分：外部、内部和内外结合。

从企业外部环境来看，其一，政策或制度因素在环境信息披露中起着举足轻重的作用。代表作者有段洪波（2011）和沈洪涛（2012），他们都认为政府对企业环境信息披露的监管能显著提高企业的环境信息披露水平。其二，社会因素也能影响环境信息披露。比如任月君、郝泽露（2015）认为舆论压力越小，环境信息披露质量越高，也有部分学者持相反观点。由此可以看出，政策制度的合理运用，能促进环境信息披露水平，而社会舆论的影响效果有待进一步考证。

从企业内部层面来解释环境信息披露状况的研究也有很多。其一，众多知名学者以企业财务状况研究了上市公司的环境会计信息披露水平，比如王小红（2014）。其二，这些年来从股东以及高管的角度来分析环境信息披露的研究也层出不穷，代表有王永德（2012）、张方杰（2012）和梁燕（2015）。

一些学者从内外部结合视角对影响因素进行分析。郑春美（2013）和付浩玥（2014）的两篇核心论文得出了较一致的结论，即公司规模和负债程度对上市公司环境信息披露有显著影响，社会监督水平、媒体关注度与环境信息披露正相关。2015 年，毕茜、顾立盟、张济不仅发现了环境制度及传统文化分别与企业环境信息披露水平正相关，同时证明了传统文化与环境制度有互补的效应。

可以看出，影响因素视角的研究已较成熟、稳定，为提高环境信息披露的数量和质量，具有现实意义和应用价值。值得注意的是，样本的选取和数据的收集有一定随意性和主观性，同样的假设，得出来的结论往往不同。所以该视角的应用必须具体问题具体分析，以保证实施的效果。

从图 8 - 3 中可以看出，学者们对这一视角未投入足够研究精力，2000—2015 年一共只有 6 篇核心论文。同时，环境会计信息披露的价值相关性对准则的制定者、公司决策者和研究人员而言是一个重要的问题，但是由于披露信息性质的多样化，使得研究很难得出一般化的结论。

从国际视角看，笔者认为，西方围绕环境会计的研究已走过 40 余年历程，学者们运用不同研究方法对环境信息披露问题的探索取得了丰硕成果，国内学者乐于解析发达国家的理论与实务是十分正确的。

2000 年以来，借鉴国外视角的研究方法主要有两类：一类是通过与具体国家对比构建文章。众多国内学者倾向于从美国、日本、欧盟三个经济体吸收经验，比如日本和欧盟的优势在于一系列与环境相关的法律法规体系（徐寒婧、吴俊英，2012）。另一类是借鉴国外具体企业，比如陈彬、张晓明在 2011 年以中石化和埃克森美孚为例，对两者的披露内容和方式进行分别比较分析。

在国际视角的研究构成中需注意，一是在一些重要术语上国内外存在内涵差异，如果不明辨这些差异，势必造成误差；二是西方发达国家是以成熟市场经济体和完善法制环境为背景做出的相关研究。因此，在借鉴时，要坚持符合中国特定的国情，顺应依法治国的方略，本着这样的原则，才能起到促进我国环境信息披露发展的效果。

除了以上四个主题以外，笔者将剩下的主题合并为其他视角。

8.4.3　高产作者

在文献计量分析中，通常需要寻找核心作者群，以便发现该研究领域的骨干力量。一般将第一作者的分布作为确定核心作者群的主要依据。根据美国科学史学家普赖斯的理论，核心作者应发论文数量计算公式为：$N_1 = 0.747(N_{max})^{1/2}$。其中，$N_1$ 为核心作者至少应发表的论文书；N_{max} 为统计年段内最高产的那位作者的论文篇数。只有那些发表论文数在 N_1 以上的作者才能被称为核心作者。2000—2015 年以环境会计信息披露为主题发表核心期刊最多的作者是王小红和龚蕾，均为 4 篇，根据普赖斯理论得出 $N_1 \approx 1.5$，取整数为 2，即发表核心期刊达到 2 篇为核心作者。

统计可见，核心作者一共有 17 人，共发文 40 篇，占 144 篇中的 27.8%，与普赖斯定律的 50% 存在差距。这表明我国环境会计信息披露领域尚未形成稳定的核心作者群。

表 8 - 2　　　　　　我国环境会计信息披露领域的主要作者

序号	作者	篇数
1	王小红	4
2	龚蕾	4
3	蒋麟凤	3

表 8 - 2 列出了当前我国环境会计信息披露领域的主要研究者，他们以第一作者身份发文量都在 3 篇以上，是该领域核心作者群的潜在骨干。这三位作者都是副教授，且研究方向集中在会计、审计和企业经济方面，可以看出环境会计信息披露的高产研究者具有较高的学术水平。此外，这 144 篇核心文献中有 3 篇是出自企业人员之手，企业名称分别是霍州煤电集团、鹤壁煤业有限责任公司、开滦集团公司，它们都是煤炭企业，表明煤炭行业对环境会计信息披露的发展有迫切的需求。

8.4.4　高产地区分布

按文献第一作者所在机构所属地区，将 2000—2015 年环境会计信息披露的核心文献进行汇总统计，得到图 8 - 4。

从图 8 - 4 可以看出，东部地区发文量超多一半，占比 53%，中西部地区相差不大，分别占 23% 和 24%。笔者认为，主要有两个原因：第一，地区的经济发展水平与科研力量有一定相关关系，东部沿海地区较中西部

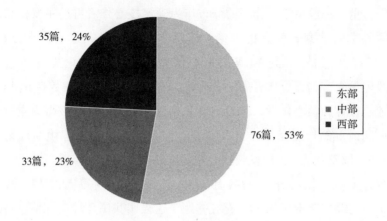

35篇，24%

33篇，23%

76篇，53%

■ 东部
■ 中部
■ 西部

图 8 – 4　发文地区分布

发达，科研经费投入多；第二，目前我国要求上市公司披露环境信息，而上市公司主要集中在东部地区，对于学者来说更易获得及时可靠的资料。

8.5　主要结论与启示

本章运用文献计量分析方法考察了 2000—2015 年环境会计信息披露为主题的中国核心期刊文献，对我国该领域的研究进展作了较为全面的展示。分析表明，2000 年以来，我国环境会计信息披露研究有如下四个特点：第一，研究势头较强，并随着相关国家文件的颁布而增长，发文主要涉及会计类和静类期刊，已形成一批有影响力的核心期刊；第二，研究方法上规范研究处于主导地位，实证研究不足；第三，研究视角多元化，其中信息披露特征和影响因素两个视角发文量大，研究日趋成熟，而价值相关性视角处于发展阶段；第四，研究力量主要分布在高校，研究中心在东部发达地区，还未形成高水平的核心研究群体。

通过以上结论总结，得出启示：一是"十三五"规划把生态文明建设列入具体目标，环境会计信息披露研究将迎来新的高潮，学者们应抓住机遇多使用实证分析法，发表更多高水平期刊论文。二是以价值相关性为具体方向的研究不足，值得研究生和学者投入精力，弥补此方向的欠缺。三是环境会计学术界应发挥带头作用，组织一批学者形成环境会计信息披露核心研究团体。

当然，本章的研究也存在局限性。本章的文献样本均取自期刊，而忽略了专著、学位论文、会议论文等，不可避免会导致对其他一些重要研究成果的遗漏。其虽不会影响我们得出的基本结论和启示，但值得在后续研究中进一步改进。

第 9 章　演化博弈视角下
民营企业社会责任履行合作机制研究

9.1　问题的提出

秉承"厚民之生""兼济天下"等传统经营理念，诞生于改革开放之初的我国民营企业至今已走过逾 40 年的风雨历程，目前已成为推动我国经济增长和增加社会福利的重要力量。受多种因素影响，民营企业在运营机制、社会属性等方面与国有企业迥然不同，其社会责任履行与国有企业有着截然不同的目标定位，体现出层次性、多样性的特点。

我国已进入社会主义新时代，社会主要矛盾已转化为人民日益增长的美好生活需要和不平衡不充分的发展之间的矛盾。为了化解新时代社会主要矛盾，全面深化改革是必由之路，客观上要求市场企业需要承担更高水平的社会责任。与国有企业相比，民营企业社会责任涉及更多的利益相关者。改革越是深入，涉及的利益关系越是复杂，越是需要更具针对性的理论指导工具（王国成，2015）。

现有关于企业社会责任的理论研究主要以博弈论作为分析工具。从文献检索结果来看，现有文献多将民营企业和国有企业视作一个整体来考察（李春发等，2012），或是针对特定行业或业态的企业加以分析（王洪利，2018）。少量文献专门考察民营企业，但存在两点不足之处：其一，从研究方法来看，已有文献采用传统博弈论作为分析工具，其中包含完全理性、完全信息等非常苛刻的假设约束，现实条件难以满足；其二，从博弈主体来看，已有文献将模型设定为两个博弈主体，如企业和政府（林鸿熙，2008）、企业和员工（陆玉梅等，2015），仅考察有限期博弈，博弈过程的时变性、复杂性无法得到充分揭示。与传统博弈理论相比，演化博弈理论具有更为宽松的假设条件和更为开阔的研究视阈，能够很好弥补以上两个方面的"短板"。

因此，运用演化博弈理论，考察民营企业社会责任的历时转变问题，探寻其社会责任层次由低到高演进的内在规律，对于优化民营企业社会责任履行行为、促进社会平衡充分发展具有重要的理论价值和实践意义。

9.2　理论基础

9.2.1　演化理论的视阈特征

在传统非合作博弈的极端理性（超理性）世界与进化博弈的生物世界之间，学习演化博弈是一种研究真实生活中的人和企业如何博弈的有效方法（王国成，2007）。

新古典经济学研究在完全理性、完全信息和利润最大化等经典假设基础上采用均衡分析方法，研究满足均衡状态所需条件，以及达到均衡状态时社会福利和资源配置效率（黄晓鹏，2007）。换言之，新古典经济学将制度放在既成的假设位置，辅之以完全理性、完全知识等一系列假设，资源配置均衡可以瞬间完成，至于均衡如何形成、制度如何演化等一系列过程性问题恰恰被排除在其研究框架之外。这一"舍弃"简化方式无疑有利于将均衡结果信息直观、简明地呈现出来，但无法展现达到均衡结果可能路径的来龙去脉。

演化理论摒弃了新古典经济学中的经典假设，从达尔文生物进化理论和拉马克基因遗传理论中汲取灵感，形成一套完全不同于新古典经济学的分析范式。演化博弈理论从系统出发，认为系统中每个经济主体（博弈参与者）代表一个种群，随机组合匹配，群体行为的调整过程构成一个动态系统（Traulsen et al.，2009）。大部分参与者根据不同规则进行学习、模仿，少部分参与者策略产生突变（试错），其中最有效率的经济主体经过选择过程得以大量复制，不同选择的积累构成经济主体的演化过程。

Young（1995）指出，"新古典经济学只描述尘埃落定之后的世界是什么样子"；而演化经济学则将研究视角集中在"尘埃是如何落定的"。从演化经济学视角来看，如果厘清"尘埃落定"的机理与路径，那么"落定"之后的有关社会福利和配置效率的评估、优化与改善等新古典经济学框架下的一系列问题便迎刃而解。

如果说新古典经济学研究视阈集中在"结果"的话，演化经济学研究视阈则集中在"过程"。与新古典经济学框架相比，演化理论将制度生成和演变纳入分析框架，对于经济主体行为特征及其与所处制度环境、技术环境互动关系刻画得更为细致、精准。

9.2.2　民营企业社会责任演进的逻辑基础

民营企业社会责任履行演进与国有企业有着不同的逻辑基础。就运营机制而言，国有企业多存在诸如产权不清、预算软约束、委托—代理机制缺陷等现实问题；与之相比，民营企业作为独立核算、自主经营、自负盈亏的法人主体，其作为完整意义上的市场竞争主体特征较为显著。就经营目标来说，国有企业的经营发展受到国家经济产业政策的影响，其社会责任履行多受政府目标的影响或制约，体现出更多的"政策性负担"和政治责任；与之相比，民营企业不需要执行政府下达的各项行政命令，其社会责任履行内嵌于自身管理决策之中，具有较高"自由度"。

民营企业的以上特征决定了：一方面，源于其自身的选择，在政府监管、企业示范和经验惯例作用下，其社会责任履行行为体现出一定的学习效应和路径依赖特征；另一方面，受到类似于生物界中"自然选择"力量——市场竞争和市场波动的影响，其社会责任履行行为充分体现出市场主体的天然特征。以上两个方面十分契合以个体群为主要思维方法的演化经济理论所分析的场景。

9.2.3　基于哈耶克演化理论的分析

行为与制度是共生演化、交互适应的（王国成，2015）。基于哈耶克

（2000）提出的社会秩序和二元观演化理论，民营企业社会责任履行策略
选择演化过程的逻辑为：决策分散的民营企业履行社会责任，受资源禀
赋、有限理性等因素的影响或制约，不同民营企业发展后况不尽相同，其
中一部分民营企业获得成功，其策略称为主导策略，并为其他民营企业效
仿。与此同时，民营企业所处的外部经营环境存在不确定性，加上自身决
策行为具有一定的随机性或不确定性，内部规则难免存在或多或少的低效
或失灵。外部组织（如政府、行业协会、社会公众）的出现可以对内部规
则不足或失灵之处加以修复、弥补（Martínez et al.，2016）。通过政府政
策制定或调整、行业协会协调和社会公众响应，建立民营企业社会责任演
化的外部规则。内部规则和外部规则的不断演化，成为推动民营社会责任
层次由低到高演进的主要制度力量。

9.3 模型构建

9.3.1 研究假设

为建构民营企业社会责任履行演化博弈模型，本书做以下假设：

假设 1：演化博弈三个参与主体分别为民营企业（Private Enterprises，
PE）、政府监管部门（Government，GM）、社会公众（Community，CM）。
三个主体分别代表三个群体，每个群体内主体的策略空间相同，且均为有
限理性和有限信息。

假设 2：政府监管部门的策略空间 S_{GM} = ｛强监管，弱监管｝。采取两
种策略的政府监管部门所占群体比例分别为 α 和 $1-\alpha$。与弱监管策略相
比，政府采取强监管措施需要额外支付监管成本（记作 ΔL_{GM}），如增加对
食品安全、环境保护等方面财政支出。

假设 3：民营企业的策略空间 S_{PE} = ｛低水平，高水平｝，采取两种策
略的民营企业所占群体比例分别为 β 和 $1-\beta$。与承担低水平社会责任相
比，民营企业为承担高水平社会责任需要支付额外的成本（记作 ΔL_{PE}），
如支付更多的对外捐赠。关于社会责任层次性，本书借鉴黄晓鹏（2009）、

于飞等（2015）文献做法，将其简化为低水平（如经济责任、法律责任）和高水平（如慈善责任、伦理责任）两个层次。

假设4：社会公众的策略空间 S_{CM} = ｛正面评价，负面评价｝，给予这两种评价的社会公众所占群体比例分别为 γ 和 $1-\gamma$。与负评价相比，如果公众对民营企业给出不当的正面评价，如通过刷单制造虚假销量和好评误导其他消费者，将给社会带来额外的福利损失（记作 ΔL_{CM}）。

假设5：假设只有民营企业采取高水平策略、政府监管部门采取强监管、社会公众给予正评价同时发生时，政府、民营企业和社会公众的福利或得益才会增加（增加的得益分别记作 ΔW_{GM}、ΔW_{PE} 和 ΔW_{CM}），社会总福利和得益才会增加（记作 ΔW，$\Delta W = \Delta W_{GM} + \Delta W_{PE} + \Delta W_{CM}$）；否则只会造成其得益的额外损失。以上参数及其他主要参数符号与含义概括见表9-1。

表9-1　　　　　　　　　　　　　　　主要参数说明

博弈参与方	符号	含义
政府监管部门（GM）	α	采取强监管措施群体比例
	W_{GM}	采取弱监管措施时博弈得益
	ΔW_{GM}	采取强监管措施时博弈额外得益
	ΔL_{GM}	采取强监管措施时额外成本
民营企业（PE）	β	采取高水平策略群体比例
	W_{PE}	采取低水平策略时博弈得益
	ΔW_{PE}	采取高水平策略时博弈额外得益
	ΔL_{PE}	采取高水平策略时博弈额外成本
社会公众（CM）	γ	给予正面评价群体比例
	W_{CM}	给予负面评价时博弈得益
	ΔW_{CM}	给予正面评价时博弈额外得益
	ΔL_{CM}	给予不恰当正面评价时额外损失

9.3.2　博弈支付矩阵

根据上述假设，可以得到政府监管部门、民营企业和社会公众的博弈树模型。如图9-1所示。

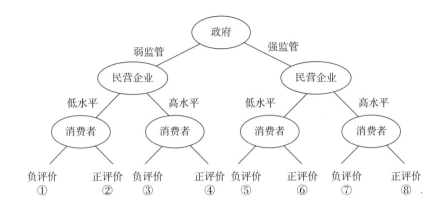

图 9 - 1　博弈决策树

由政府监管部门、民营企业和社会公众构成的博弈支付矩阵如表 9 - 2
所示。

表 9 - 2　　　　　　　　　　　　博弈支付矩阵

序号	策略组合	支付矩阵
①	（弱，低，负）	(W_{GM}, W_{PE}, W_{CM})
②	（弱，低，正）	$(W_{GM}, W_{PE}, W_{CM} - \Delta L_{CM})$
③	（弱，高，负）	$(W_{GM}, W_{PE} - \Delta L_{PE}, W_{CM})$
④	（弱，高，正）	$(W_{GM}, W_{PE} - \Delta L_{PE}, W_{CM} - \Delta L_{CM})$
⑤	（强，低，负）	$(W_{GM} - \Delta L_{GM}, W_{PE}, W_{CM})$
⑥	（强，低，正）	$(W_{GM} - \Delta L_{GM}, W_{PE}, W_{CM} - \Delta L_{CM})$
⑦	（强，高，负）	$(W_{GM} - \Delta L_{GM}, W_{PE} - \Delta L_{PE}, W_{CM})$
⑧	（强，高，正）	$(W_{GM} + \Delta W_{GM}, W_{PE} + \Delta W_{PE}, W_{CM} + \Delta W_{CM})$

注：策略组合和支付矩阵涉及博弈方依次是政府监管部门、民营企业和社会公众。

9.3.3　期望收益

进一步地，结合表 9 - 2 可以计算政府监管部门、民营企业和社会公众
的期望得益。

政府监管部门选择强监管策略时的期望得益 U_{GM}^{H}、选择弱监管策略时
的期望得益 U_{GM}^{L}、平均期望得益 U_{GM} 分别为

$$U_{GM}^{H} = \left[(1-\beta)(1-\gamma) + (1-\beta)\gamma + \beta(1-\gamma)\right](W_{GM} - \Delta L_{GM}) +$$
$$\beta\gamma(W_{GM} + \Delta W_{GM}) \tag{1}$$

$$U_{GM}^{L} = \left[(1-\beta)(1-\gamma) + (1-\beta)\gamma + \beta(1-\gamma) + \beta\gamma\right]W_{GM} \tag{2}$$

$$\overline{U_{GM}} = \alpha U_{GM}^{H} + (1-\alpha)U_{GM}^{L} \tag{3}$$

民营企业选择强高水平社会责任策略时的期望得益 U_{PE}^{H}、选择低水平社会责任策略时的期望得益 U_{PE}^{L}、平均期望得益 U_{PE} 分别为

$$U_{PE}^{H} = \left[(1-\alpha)(1-\gamma) + (1-\alpha)\gamma + \alpha(1-\gamma)\right]$$
$$(W_{PE} - \Delta L_{PE}) + \alpha\gamma(W_{PE} + \Delta W_{PE}) \tag{4}$$

$$U_{PE}^{L} = \left[(1-\alpha)(1-\gamma) + (1-\alpha)\gamma + \alpha(1-\gamma) + \alpha\gamma\right]W_{PE} \tag{5}$$

$$\overline{U_{PE}} = \alpha U_{PE}^{H} + (1-\alpha)U_{PE}^{L} \tag{6}$$

社会公众给予正面评价时的期望得益 U_{CM}^{H}、给予负面评价时的期望得益 U_{CM}^{L}、平均期望得益 U_{CM} 分别为

$$U_{CM}^{H} = \left[(1-\alpha)(1-\beta) + (1-\alpha)\beta + \alpha(1-\beta)\right]$$
$$(W_{CM} - \Delta L_{CM}) + \alpha\beta(W_{CM} + \Delta W_{CM}) \tag{7}$$

$$U_{CM}^{L} = \left[(1-\alpha)(1-\beta) + (1-\alpha)\beta + \alpha(1-\beta) + \alpha\beta\right]W_{CM} \tag{8}$$

$$\overline{U_{CM}} = \alpha U_{CM}^{H} + (1-\alpha)U_{CM}^{L} \tag{9}$$

9.4　结果与讨论

9.4.1　复制动态方程

按照演化博弈思想，采取得益较低策略的民营企业会调整策略，去模仿收益较高的民营企业策略，从而群体中采用不同策略成员的比例就会发生变化。只要一个策略得益比平均期望得益多，该策略就能在群体中逐渐被模仿、继承和发展。这一演化思想可以三个微分方程（分别对应三个博弈主体）组成的系统来描述。

借鉴 Taylor et al.（1978）的模仿者动态模型，结合式（1）至式

（9），政府监管部门选择强监管策略、民营企业选择高水平策略和社会公众给予正评价的复制动态方程分别为

$$F(\alpha) = \frac{d\alpha}{dt} = \alpha(U_{GM}^H - \overline{U_{GM}}) = \alpha(1-\alpha)(\beta\gamma-1)\Delta L_{GM} + \alpha(1-\alpha)\beta\gamma\,\Delta W_{GM}$$

$$(10)$$

$$F(\beta) = \frac{d\beta}{dt} = \beta(U_{PE}^H - \overline{U_{PE}}) = \beta(1-\beta)(\alpha\gamma-1)\Delta L_{PE} + \beta(1-\beta)\alpha\gamma\,\Delta W_{PE}$$

$$(11)$$

$$F(\gamma) = \frac{d\gamma}{dt} = \gamma(U_{CM}^H - \overline{U_{CM}}) = \gamma(1-\gamma)(\alpha\beta-1)\Delta L_{CM} + \gamma(1-\gamma)\alpha\beta\,\Delta W_{PE}$$

$$(12)$$

令式（10）、式（11）、式（12）等于0，可求得由此三式构成的动态演化系统局部均衡点15个：分别为 O（0，0，0）、A（0，1，0）、B（0，1，1）、C（0，0，1）、D（1，0，0）、E（1，1，0）、F（1，1，1）、G（1，0，1）和 H（α^*，β^*，γ^*），以及 H_1（0，β^*，γ^*）、H_2（1，β^*，γ^*）、H_3（α^*，0，γ^*）、H_4（α^*，1，γ^*）、H_5（α^*，β^*，0）和 H_6（α^*，β^*，1）。

其中：

$$\alpha^* = \sqrt{\frac{(\Delta L_{GM} + \Delta W_{GM})}{\Delta L_{GM}} \cdot \frac{\Delta L_{PE} \cdot \Delta L_{CM}}{(\Delta L_{PE} + \Delta W_{PE}) \cdot (\Delta L_{CM} + \Delta W_{CM})}} \quad (13)$$

$$\beta^* = \sqrt{\frac{(\Delta L_{PE} + \Delta W_{PE})}{\Delta L_{PE}} \cdot \frac{\Delta L_{GM} \cdot \Delta L_{CM}}{(\Delta L_{GM} + \Delta W_{GM}) \cdot (\Delta L_{CM} + \Delta W_{CM})}} \quad (14)$$

$$\gamma^* = \sqrt{\frac{(\Delta L_{CM} + \Delta W_{CM})}{\Delta L_{CM}} \cdot \frac{\Delta L_{GM} \cdot \Delta L_{PE}}{(\Delta L_{GM} + \Delta W_{GM}) \cdot (\Delta L_{PE} + \Delta W_{PE})}} \quad (15)$$

如图9-2所示，$H_1 \sim H_6$ 为均衡点 H 在立方体六个面上的投影。

9.4.2 均衡点稳定性分析

按照 Friedman（1991）提供的方法，可通过式（10）、式（11）、式（12）所构成演化动态系统的雅可比矩阵来判断其均衡点的稳定性。式（16）为计算得到的雅可比（Jacobian）矩阵。

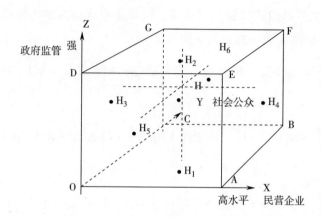

图 9 - 2　博弈均衡解

$$
J=\begin{bmatrix}
(1-2\alpha)\left[(\beta\gamma-1)\,\Delta L_{GM}+\beta\gamma\,\Delta W_{GM}\right] & \gamma(\alpha-\alpha^2)(\Delta L_{GM}+\Delta W_{GM}) & \beta(\alpha-\alpha^2)(\Delta L_{GM}+\Delta W_{GM}) \\
\gamma(\beta-\beta^2)(\Delta L_{PE}+\Delta W_{PE}) & (1-2\beta)\left[(\alpha\gamma-1)\,\Delta L_{PE}+\alpha\gamma\,\Delta W_{PE}\right] & \alpha(\beta-\beta^2)(\Delta L_{PE}+\Delta W_{PE}) \\
\beta(\gamma-\gamma^2)(\Delta L_{CM}+\Delta W_{CM}) & \alpha(\gamma-\gamma^2)(\Delta L_{CM}+\Delta W_{CM}) & (1-2\gamma)\left[(\alpha\beta-1)\,\Delta L_{CM}+\alpha\beta\,\Delta W_{CM}\right]
\end{bmatrix}
$$

$$(16)$$

　　演化稳定策略（Evolutionary Stable Strategy，ESS）要求局部均衡点具有抗干扰能力，即对应的一阶导数 $F'(x)$ 应小于 0。根据李雅普诺夫（Lyapunov）稳定性判定方法，15 个均衡点中，只有 O(0,0,0) 和 F(1,1,1) 两个是稳定的，属于 ESS；H 和 $H_1 \sim H_6$ 是鞍点；其他为不稳定点（推导过程略）。对于鞍点 H 和 $H_1 \sim H_6$ 而言：

　　当 $\beta\gamma < \dfrac{\Delta L_{GM}}{\Delta L_{GM}+\Delta W_{GM}}$ 时，$\dfrac{\mathrm{d}F(\alpha)}{\mathrm{d}\alpha}\big|_{\alpha=0} < 0$ 与 $\dfrac{\mathrm{d}F(\alpha)}{\mathrm{d}\alpha}\big|_{\alpha=1} > 0$，因此，$\alpha=0$ 是演化稳定策略在 Z 轴上的投影；当 $\beta\gamma > \dfrac{\Delta L_{GM}}{\Delta L_{GM}+\Delta W_{GM}}$ 时，$\dfrac{\mathrm{d}F(\alpha)}{\mathrm{d}\alpha}\big|_{\alpha=0} > 0$ 与 $\dfrac{\mathrm{d}F(\alpha)}{\mathrm{d}\alpha}\big|_{\alpha=1} < 0$，因此，$\alpha=1$ 是演化稳定策略在 Z 轴上的投影。

　　当 $\alpha\gamma < \dfrac{\Delta L_{PE}}{\Delta L_{PE}+\Delta W_{PE}}$ 时，$\dfrac{\mathrm{d}F(\beta)}{\mathrm{d}\beta}\big|_{\beta=0} < 0$ 与 $\dfrac{\mathrm{d}F(\beta)}{\mathrm{d}\beta}\big|_{\beta=1} > 0$，因此，$\beta=0$ 是演化稳定策略在 X 轴上的投影；当 $\alpha\gamma > \dfrac{\Delta L_{PE}}{\Delta L_{PE}+\Delta W_{PE}}$ 时，$\dfrac{\mathrm{d}F(\beta)}{\mathrm{d}\beta}\big|_{\beta=0} > 0$ 与 $\dfrac{\mathrm{d}F(\beta)}{\mathrm{d}\beta}\big|_{\beta=1} < 0$，因此，$\beta=1$ 是演化稳定策略在 X 轴上的投影。

当 $\alpha\beta < \dfrac{\Delta L_{CM}}{\Delta L_{CM} + \Delta W_{CM}}$ 时，$\dfrac{\mathrm{d}F(\gamma)}{\mathrm{d}\gamma}\big|_{\gamma=0} < 0$ 与 $\dfrac{\mathrm{d}F(\gamma)}{\mathrm{d}\gamma}\big|_{\gamma=1} > 0$，因此，$\gamma = 0$ 是演化稳定策略在 Y 轴上的投影；当 $\alpha\beta > \dfrac{\Delta L_{CM}}{\Delta L_{CM} + \Delta W_{CM}}$ 时，$\dfrac{\mathrm{d}F(\gamma)}{\mathrm{d}\gamma}\big|_{\gamma=0} > 0$ 与 $\dfrac{\mathrm{d}F(\gamma)}{\mathrm{d}\gamma}\big|_{\gamma=1} < 0$，因此，$\gamma = 1$ 是演化稳定策略在 Y 轴上的投影。

因此，由 $\beta\gamma = \dfrac{\Delta L_{GM}}{\Delta L_{GM} + \Delta W_{GM}}$、$\alpha\gamma = \dfrac{\Delta L_{PE}}{\Delta L_{PE} + \Delta W_{PE}}$ 和 $\alpha\beta = \dfrac{\Delta L_{CM}}{\Delta L_{CM} + \Delta W_{CM}}$ 相交构成的曲面为系统收敛不同状态的临界面。在临界面左下侧，系统收敛于点 O（0，0，0），对应（弱监管，低水平，负评价）状态；在临界面右上侧，系统收敛于点 F（1，1，1），对应（强监管，高水平，正评价）状态。为简洁直观起见，我们结合图 9-2 中系统演化路径在由 X 轴、Y 轴构成平面的投影图具体说明，如图 9-3 所示。

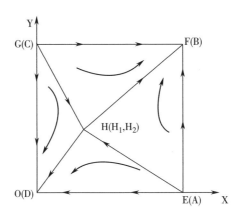

图 9-3　系统演化路径在 XY 平面上投影

在图 9-3 中，除了系统初始状态选择稳定点 O 或 F（括号内为投影重合点）以外，系统要经过一定时间才能达到稳定状态。折线（E—H—G）可以看成系统收敛于不同状态的临界线，位于该折线左边的所有点收敛于稳定点 O，位于该折线右边的所有点收敛于稳定点 F。由于系统演化存在多重均衡，加之策略的调整与模仿是一个相对缓慢的过程，因而民营企业社会责任履行状况在很长时间内会保持多样性与差异性的态势。

9.4.3　参数分析

从图 9 - 2 和图 9 - 3 可看出，H 点的位置取决于式（13）至式（15）中不同参数具体值。以"蝴蝶效应"为喻，当系统初始状态在 H 点附近（亚马逊河流域热带雨林中一只蝴蝶）时，初始状态发生微小变化（偶尔扇动几下翅膀）将影响具体的演化路径，进而影响系统演化最终结果（两周以后引起美国得克萨斯州一场龙卷风），体现出演化结果对初始条件（参数的初始值及其变化）具有极强的敏感性和依赖性，系统的长期均衡受初始状态和各博弈主体的得益影响。罗宾斯坦定理（Rubinstein，1982）指出，在无限期轮流出价博弈中，存在唯一的子博弈精练纳什均衡，其均衡结果为

$$x^* = \frac{1 - \rho_2}{1 - \rho_1 \rho_2}, \quad 当 \rho = \rho_1 = \rho_2, x^* = \frac{1}{1 + \rho}, \quad 其中 \rho 为贴现因子，$$

$0 \leqslant \rho \leqslant 1$。

可将 ρ 理解为博弈主体对社会福利增加的重视程度或耐心程度，$\rho = 0$ 表明博弈主体对社会福利增加"漠不关心"，完全没有耐心；$\rho = 1$ 表明博弈主体对社会福利增加全程关注，充满耐心（"风物长宜放眼量"）。根据罗宾斯坦定理，假定政府监管以增加社会福利为目标首先实施提出分配方案（出价），将民营企业利益和社会公众利益视为整体，则增加的社会总得益 ΔW 的分配结果为

$$\Delta W_{GM} = \frac{\rho_{GM}(1 - \rho_{PE+CM})}{1 - \rho_{GM} \rho_{PE+CM}} \cdot \Delta W \tag{17}$$

$$\Delta W_{PE+CM} = \frac{1 - \rho_{GM}}{1 - \rho_{GM} \rho_{PE+CM}} \cdot \Delta W \tag{18}$$

再假定民营企业群体优先于社会公众群体提出分配方案（出价），则 ΔW_{PE+CM} 分配结果为

$$\Delta W_{PE} = \frac{\rho_{PE}(1 - \rho_{CM})}{1 - \rho_{PE} \rho_{CM}} \cdot \Delta W_{PE+CM} = \frac{\rho_{PE}(1 - \rho_{CM})}{(1 - \rho_{PE} \rho_{CM})} \cdot \frac{(1 - \rho_{GM})}{(1 - \rho_{GM} \rho_{PE+CM})} \cdot \Delta W$$

$$\tag{19}$$

$$\Delta W_{CM} = \frac{1 - \rho_{PE}}{1 - \rho_{PE}\rho_{CM}} \cdot \Delta W_{PE+CM} = \frac{(1 - \rho_{PE})}{(1 - \rho_{PE}\rho_{CM})} \cdot \frac{(1 - \rho_{GM})}{(1 - \rho_{GM}\rho_{PE+CM})} \cdot \Delta W$$

(20)

从而可以推导出无限期轮流出价模型中：

$$\beta\gamma = \frac{1}{1 + \dfrac{\rho_{GM}(1 - \rho_{PE+CM})}{1 - \rho_{GM}\rho_{PE+CM}} \cdot \dfrac{\Delta W}{\Delta L_{GM}}}$$

(21)

$$\alpha\gamma = \frac{1}{1 + \dfrac{\rho_{PE}(1 - \rho_{CM})}{(1 - \rho_{PE}\rho_{CM})} \cdot \dfrac{(1 - \rho_{GM})}{(1 - \rho_{GM}\rho_{PE+CM})} \cdot \dfrac{\Delta W}{\Delta L_{PE}}}$$

(22)

$$\alpha\beta = \frac{1}{1 + \dfrac{(1 - \rho_{PE})}{(1 - \rho_{PE}\rho_{CM})} \cdot \dfrac{(1 - \rho_{GM})}{(1 - \rho_{GM}\rho_{PE+CM})} \cdot \dfrac{\Delta W}{\Delta L_{CM}}}$$

(23)

由式（21）至式（23）及图 9 - 2 和图 9 - 3 可知，影响系统演化的参数为：额外得益 ΔW；额外成本 ΔL_{GM}、ΔL_{PE}、ΔL_{CM}；贴现因子 ρ_{GM}、ρ_{PE}、ρ_{CM}。可知：

额外得益 ΔW 越大，式（21）至式（23）的值越小，也即曲线 $\beta\gamma$、$\alpha\gamma$ 和 $\alpha\beta$ 越向左下方移动靠近 O 点，鞍点 H（α^*、β^*、γ^*）位置越靠近 O 点，由折现 E—H—G 和点 F 围成的面积越大。具体含义是，可预期额外的社会福利越多，政府监管部门采取强监管措施、民营企业采取高水平社会责任策略、社会公众给予正面评价同时发生的概率越大。

额外成本 ΔL_{GM}、ΔL_{PE}、ΔL_{CM} 越大，式（21）至式（23）的值越大，也即曲线 $\beta\gamma$、$\alpha\gamma$ 和 $\alpha\beta$ 越向右上方移动靠近 F 点，鞍点 H（α^*、β^*、γ^*）位置越靠近 F 点，由折现 E—H—G 和点 O 围成的面积越大。具体含义是，政府部门额外增加的监管成本越大、民营企业额外增加履行成本越高、社会公众额外的福利损失越多，政府监管部门采取弱监管措施、民营企业采取低水平社会责任策略、社会公众给予负面评价同时发生的概率越大。

贴现因子 ρ_{GM}、ρ_{PE}、ρ_{CM} 越大，式（21）至式（23）的值越小，也即曲线 $\beta\gamma$、$\alpha\gamma$ 和 $\alpha\beta$ 越向左下方移动靠近 O 点，鞍点 H（α^*、β^*、γ^*）位

置越靠近 O 点，由折现 E—H—G 和点 F 围成的面积越大。具体含义是，政府、民营企业和社会公众三个博弈参与方越重视未来社会福利改善状况，政府监管部门采取强监管措施、民营企业采取高水平社会责任策略、社会公众给予正面评价同时发生的概率越大。

以上讨论某参数变化时均假定其他参数不变，事实上，这些参数不仅可能随不同博弈主体相互影响而改变，还可能会因为自身"耐心""偏好"等因素的变化而变化。参数变化的"蝴蝶效应"彰显了规范引导民营企业社会责任履行行为的必要性和可行性。

9.5　主要结论与启示

本章基于演化经济学视角，以政府监管部门、民营企业和社会公众为主要利益相关者，运用演化博弈理论中的复制动态方程，对民营企业社会责任层次的演化机理进行模型分析。民营企业社会责任履行受到民营企业群体决策、政府监管和社会公众评价等多重机制的影响，民营企业在决策过程中不断学习并调整自身策略偏好，其社会责任履行演化博弈存在多重均衡；以政府为主导的监管措施和社会公众评价机制等外部规则的科学安排，有助于促进民营企业社会责任层次由低到高的演化。

新时代赋予民营企业新的使命与担当。在促进我国社会经济平衡充分发展进程中，毋庸置疑，当前我国民营企业社会责任履行状况总体上尚处于比较低的层次（吉利等，2014），一些民营企业社会责任履行缺失状况不容忽视。紫金矿业环境污染等恶性事件暴露出我国民营企业社会责任方面存在的治理缺陷（冯帅，2016），不仅带来了一系列社会负面问题，也严重阻碍了民营企业自身的健康成长和良性发展。民营企业应当深刻认识经营情境，谨防社会责任履行路径"锁定"在低效模式中，通过自身履行路径的优化，使践行高水平社会责任与盈利实现、赢得社会公众"点赞"形成良性循环，持续增加社会福祉，向社会传递"正能量"。

政府在规范民营企业社会责任履行方面肩负不可替代的角色与担当。哈耶克指出，坏制度会使好人做坏事，而好制度会使坏人也做好事。不可否认，民营企业社会责任失范事件时有发生，除"唯利是图"的主观动机驱使外，与相关制度设计或管理体制存有漏洞不无关系。由此，政府除对已发生失范事件严厉惩处之外，应将监管重点由事中、事后涵盖至事前环节，重视有关规则的设计和优化。政府还应关注社会公众的呼声，引导媒体与公众的监督评价作用，对制造虚假市场信息的单位或个人予以惩戒，促进民营企业发展。可以预期，随着政府治理水平的提高，民营企业的营利实现与社会责任提升在新时代市场经济条件下同步实现既有必要，也有可能。

第 10 章　基于环境规制强度的
环境信息披露区域比较研究

10.1　问题的提出

工业化的急剧演变和经济增长方式的粗放使得我国的生态环境每况愈下。由于企业普遍存在机会主义，加之环境资源始终扮演公用的角色，导致市场机制对解决环境问题显得力不从心。一些地方政府开始颁布区域性的环境规制，用以监督指导当地企业的环境信息披露行为。那么环境规制是否对上市公司的环境信息披露水平产生了影响？不同强度的区域环境规制是否会引致环境信息披露水平的区域差异？

本书以北京市、浙江省重污染行业上市公司为研究对象，对其 2007—2012 年中 338 份年度报告和 162 份社会责任报告中的环境信息披露状况分别从数量与质量两个层面进行分析与比较，并从区域环境规制强度的层面对比较结果进行解释，以探索区域环境规制强度与当地上市公司环境信息披露水平的关系，甄别环境规制中影响企业环境信息披露的方面，从而完善环境规制体系，降低政策执行成本，提高相关政策、法规的有效性。

10.2　文献综述

近年来，众多国内外学者对环境问题的研究方向逐渐转向对环境信息披露水平的探索。较多的研究集中于环境信息披露与内部因素相关性的研究，对环境信息披露与环境规制相关性的研究并不多。朱金凤、赵红雨（2008）对造纸行业的招股说明书与年报进行研究后认为，环境规制的发布时点影响着企业环境信息披露的水平。王宁涛（2010）对我国环境会计近年来发展状况的研究指出，有效监管方法的缺乏、建设的滞后、环境成本的分配不均与社会对环境会计监督体系的不完整等问题，在我国环境信息披露制度中普遍存在。毕茜（2012）的研究结果表明，环境规制的出台，提高了我国重污染行业环境信息披露水平。

环境规制包含制定与执行两个层面的含义。国内外学者对环境规制强度的研究很少，且主要研究环境规制执行层面的效果，如赵红（2008）对环境规制对企业技术创新的影响研究后，得出结论：环境规制每提高 1% 的强度，滞后 1 期或 2 期的 R&D 投入强度提高 0.12%，同时专利授权数量增加 0.30%，说明我国企业技术创新在中长期受到了环境规制正向影响。

综观已有的研究，国内外学者在环境信息披露的绩效及影响因素方面已经作出了大量、有益的探索，但其中对环境规制与环境信息披露水平关系的研究较少，而对环境规制强度也仅局限于执行层面。在对外部制度作用研究时，主要是以全国性环境规制为着力点，缺少分行业、分地域的系统研究。基于此，本书将尝试性地进行创新与拓展：通过比较区域环境信息披露规制出台时点与制定层面的强度，探索其与上市公司环境信息披露水平区域差异之间的关系。

10.3　区域环境信息披露规制的比较

为了响应国家促进企业履行环境保护责任的号召，2008 年北京市环境保护局发布的《北京市环境保护局环境信息公开暂行办法》（以下简称《办法》）。2012 年浙江省环保局出台的《关于进一步加强上市企业环境信息披露工作的通知》（以下简称《通知》）。本章对北京市与浙江省的环境信息披露规制中针对重污染行业的规定进行归纳，运用 8 个强度指标来衡量制度的强度，具体如表 10 - 1 所示。

表 10 - 1　　　　　　　北京市与浙江省环境信息披露制度强度分析

规制名称	《北京市环境保护局环境信息公开暂行办法》（北京市）	《关于进一步加强上市企业环境信息披露工作的通知》（浙江省）
规制对象	常规性	常规性、突发性污染事件
是否强制	是	是
是否规范披露内容	否	是
披露内容形式	不明确	文字、量化
是否有披露配套指引	否	是
披露内容质量是否经过核实鉴定	是	是
披露行为是否有定期的监督评价	是	是
是否有激励措施、处罚措施	否	是

　　根据表 10 - 1，浙江省《通知》在衡量强度的 5 个指标的表现优于北京市《办法》，8 个指标方面均在规制中作了详细规定，因此我们认为浙江省环境信息披露规制的强度高于北京市的环境信息披露规制。

10.4　环境信息披露水平的区域分析

　　在地域性环境信息披露规制强度分析表的基础上，为了探讨地域性环境信息披露规制的颁布与强度的效用，本章对样本公司的年报、社会责任报告等公开报告展开实证研究。

10.4.1　样本选取

　　在收集了全国各省的地方性环境规制之后，最终选定我国仅有的两个颁布了独立环境信息披露规制的省份——北京市与浙江省作为样本省份。而同时为了研究北京市、浙江省当地颁布的环境信息披露规制的效果及规制强度的影响，将两地颁布规制的年份及之前 1 年和之后 1 年纳入研究年份，将研究跨度确定为 2007—2012 年，并剔除掉北京市 2007—2009 年与浙江省 2010—2012 年没有上市的公司后，最终选择了北京市 24 家与浙江省 30 家重污染行业上市公司 2007—2012 年的年报、社会责任报告及可持续发展报告为研究对象（资料来源于巨潮网）。

根据 2010 年国家环境保护部门出台的《上市公司环境信息披露指南》的规定，并结合《上市公司行业分类指引》，本章对重污染行业进行了划分：①水电煤气：火电业；②金属非金属行业：电解铝、钢铁、冶金、水泥、建材；③采掘业：采矿业、煤炭业；④石化塑胶：化工、石化；⑤造纸印刷业：造纸业；⑥食品饮料业：酿造、发酵；⑦生物医药业：制药业；⑧纺织服装皮毛：纺织、制革。

10.4.2　环境信息披露状况评价方法

本章使用指数法对北京市与浙江省重污染行业上市公司环境信息的披露状况分别从数量和质量两个层面进行分析和比较。环境信息披露数量的最终得分为公开报告中与环境信息相关的行数总和。环境信息质量的评分过程借鉴了 Patten、Darrell 与沈洪涛的方法，将显著性、量化性和时间性 3 个维度作为衡量披露质量的指标，量化样本公司年度报告等公开报告中披露的环境信息的质量，如表 10 – 2 所示。

表 10 – 2　　　　　　　　　　环境信息披露质量评价标准

维度		环境信息的赋值标准		
显著性（E）	年度报告	在非财务部分披露：1 分	在财务部分披露：2 分	在两部分均披露：3 分
	社会责任报告	一般文字叙述：1 分	加黑加粗、小标题突出：2 分	附有图表：3 分
量化性（Q）		文字性描述：1 分	数量化描述：2 分	货币化描述：3 分
时间性（T）		关于现在的信息：1 分	关于未来的信息：2 分	现在与过去对比的信息：3 分

10.4.3　区域环境信息披露内容的数量分析

（1）北京市环境信息披露内容的数量分析

表 10 – 3 列示了北京市样本公司 2007—2012 年环境信息的披露数量评

分，即环境信息的行数。通过横向分析，2007 年北京市重污染上市公司环境信息的披露数量值域为 [0，55]，均值为 7.57；2008 年值域则迅速增长到 [0，100]，均值也上升到 19.91，增长幅度在 6 年中最大；2009—2012 年披露数量都有不同程度的提升，由此可见，北京市样本公司环境信息披露数量呈递增趋势，t 检验证明北京市样本公司 2007—2012 年环境信息披露内容的数量提升较为明显。

通过纵向分析，北京市的采掘业与水电煤气业是在内容披露数量方面表现最好的行业，6 年均值为 40.56 和 28.13；而披露数量最少的是生物医药业，6 年均值仅为 11.5，行业之间方差分析 ANOVA 检验结果表明，北京市各行业环境信息披露内容的数量有着较为明显的差距。具体如表 10 - 3 所示。

（2）浙江省环境信息披露内容的数量分析

表 10 - 4 列出了浙江省样本公司 2007—2012 年环境信息的披露数量分数。通过横向分析，2007 年浙江省重污染上市公司环境信息的披露数量值域为 [0，11]，均值为 4.63；接下来几年一路攀升，直到 2010 年，披露数量的值域增长到 [1，170]，均值达到 24.52；2011 年样本公司环境信息披露数量的值域持续增长至 [2，249]，均值上升到 33.15；在浙江省环境保护局出台的《通知》的 2012 年，浙江省样本公司披露数量的值域尽管没有较 2011 年有大幅度提升，但是均值却以 6 年最大的增幅达到 52.73。从均值检验的结果来看，2007—2012 年浙江省样本公司环境信息披露数量的增加幅度较大。

从纵向角度来看，食品饮料业在浙江省所有重污染行业披露环境信息数量中表现最佳，6 年的均值达到 36.33；纺织服装皮毛和石化塑胶的披露数量也较多，分别为 27.75 和 25.72；6 年中披露最少的行业则是生物医药业，仅为 12.78。行业之间方差分析（ANOVA）证明：浙江省各个行业环境信息披露内容的数量没有明显差距，具体如表 10 - 4 所示。

表 10 – 3　北京市重污染行业上市公司环境信息披露数量分析

单位：行

行业	2007 年		2008 年		2009 年		2010 年		2011 年		2012 年		平均值
	值域	均值	值域	均值	值域	均值	值域	均值	值域	均值	值域	均值	
水电煤气	[1,25]	9.25	[14,36]	27.25	[16,39]	27.25	[26,34]	28.50	[30,43]	37.00	[28,40]	39.50	28.13
金属非金属	[0,18]	10.00	[4,19]	14.00	[3,34]	19.00	[6,30]	19.00	[21,41]	30.30	[23,40]	30.70	20.50
采掘业	[3,55]	19.50	[9,100]	36.67	[6,107]	40.50	[9,122]	47.17	[7,106]	46.33	[15,110]	53.17	40.56
石化塑胶	[0,6]	3.00	[7,11]	9.00	[6,7]	6.50	[7,56]	31.50	[8,58]	33.00	[10,62]	36.00	19.80
食品饮料业	[0,6]	3.00	[6,38]	21.70	[8,36]	21.70	[7,41]	21.70	[7,43]	24.00	[11,42]	30.33	20.39
生物医药业	[0,2]	0.67	[0,34]	10.83	[0,37]	13.00	[0,25]	11.50	[0,32]	12.33	[1,46]	20.67	11.50
合计	[0,55]	7.57	[0,100]	19.91	[0,107]	21.33	[0,122]	26.56	[0,106]	30.49	[1,110]	35.06	20.13
P 值（t 检验，07VS12）											0.0004		
P 值（行业间 ANOVA 检验）											0.002		

表10-4　　浙江省重污染行业上市公司环境信息披露数量分析　　　　单位：行

行业	2007年		2008年		2009年		2010年		2011年		2012年		平均值
	值域	均值	值域	均值	值域	均值	值域	均值	值域	均值	值域	均值	
金属非金属	[0,7]	3.67	[0,13]	8.33	[1,17]	7.33	[8,31]	19.33	[11,42]	23.33	[30,41]	36.00	16.33
石化塑胶	[5,11]	7.67	[14,23]	18.67	[11,24]	19.33	[23,31]	27.00	[32,39]	36.33	[20,67]	45.33	25.72
造纸印刷业	[1,6]	3.75	[2,9]	5.25	[2,13]	5.25	[1,20]	9.75	[2,25]	17.25	[3,138]	74.00	19.21
食品饮料业	[5,5]	5.00	[22,22]	22.00	[22,22]	22.00	[45,45]	45.00	[57,57]	57.00	[67,67]	67.00	36.33
生物医药业	[0,11]	3.00	[1,26]	7.33	[0,35]	7.36	[2,63]	12.46	[4,75]	18.83	[7,80]	27.75	12.78
纺织服装皮毛	[0,8]	4.67	[0,26]	7.83	[0,33]	8.00	[1,170]	33.57	[2,249]	46.14	[6,243]	66.29	27.75
合计	[0,11]	4.63	[0,26]	11.57	[0,35]	11.71	[1,170]	24.52	[2,249]	33.15	[3,243]	52.73	19.73
P值（t检验，07VS12）											0.000103		
P值（行业间ANOVA检验）											0.366		

10.4.4　区域环境信息披露内容的质量分析

（1）北京市环境信息披露内容的质量分析

表 10 – 5 列示了北京市重污染行业样本公司 2007—2012 年环境信息披露内容的质量得分，即显著性（E）、量化性（Q）与时间性（T）的分别得分。从纵向的时间角度来看，显著性（E）、量化性（Q）与时间性（T）的得分分别从 2007 年的 2.67、3.24、2.99，以 6 年中最大幅度上升至 2008 年的 5.54、6.70、5.85，2008—2012 年三项指标都以不同程度逐年增长。均值检验表明 6 年的环境信息披露的 3 项质量指标分数均变化显著。综合数量的变化趋势，北京市样本公司环境信息的披露数量与质量呈同向增长。

从横向角度看，采掘业上市公司披露的环境信息质量总体表现最好，金属非金属与水电煤气业披露的环境信息的质量也较好，而生物医药业在三个指标上表现最差，如表 10 – 5 所示。

表 10 – 5　　　　北京市重污染行业间环境信息披露质量分析

年份	指标	水电煤气	金属非金属	采掘业	石化塑胶	食品饮料业	生物医药业	合计	
2007	E	3.00	3.67	6.67	1.00	1.00	0.67	2.67	
	Q	4.25	4.00	7.83	1.50	1.00	0.83	3.24	
	T	3.25	3.33	6.67	2.50	1.67	0.50	2.99	
2008	E	7.25	6.67	8.50	3.00	4.67	3.17	5.54	
	Q	7.75	7.30	11.67	4.00	5.67	3.83	6.70	
	T	7.75	6.00	9.50	4.50	4.00	3.33	5.85	
2009	E	8.25	8.67	10.17	3.00	7.67	4.33	7.02	P 值
	Q	8.00	8.67	1133	4.00	8.67	4.50	7.53	（t 检验,
	T	7.25	8.33	9.83	4.50	6.33	4.50	6.79	07VS12）
2010	E	8.25	9.00	11.83	5.50	7.67	4.00	7.71	
	Q	8.00	8.67	13.00	6.00	9.33	4.33	8.22	
	T	8.00	8.67	10.50	6.00	7.33	4.33	7.39	
2011	E	11.50	11.00	11.67	6.50	8.33	4.50	8.92	
	Q	9.25	11.67	12.50	7.50	10.00	4.83	9.29	
	T	9.25	10.00	10.33	6.50	8.00	4.50	8.10	

续表

年份	指标	水电煤气	金属非金属	采掘业	石化塑胶	食品饮料业	生物医药业	合计	P 值 （t 检验， 07VS12）
2012	E	12.00	11.00	12.17	6.50	8.67	6.00	9.39	
	Q	9.75	12.00	12.67	8.00	10.00	5.83	9.71	
	T	10.00	11.33	10.67	6.50	8.67	5.50	8.78	
6 年 平均	E	8.38	8.33	10.17	4.25	6.33	3.78	6.87	0.0009869
	Q	7.83	8.72	11.50	5.17	7.44	4.03	7.45	0.001608
	T	7.58	7.94	9.58	5.00	6.00	3.78	6.65	0.001123

（2）浙江省环境信息披露内容的质量分析

表 10 - 6 列示了浙江省样本公司 2007—2012 年环境信息披露内容的质量得分。从纵向的时间角度来看，显著性（E）2007—2008 年的得分从 2.84 上升到了 5.16，但是 2009 年却又下降到 4.80，继而 2010—2012 年分数又继续呈现上升趋势；量化性和时间性的得分情况同显著性变化一致。其中 2011—2012 年提升的幅度最大，E、Q、T 分别从 7.64、8.44、6.95 增长到 10.27、11.37、8.25。均值检验表明，显著性和量化性分数变化显著，时间性变化不显著，但是综合来看，2007—2012 年浙江省样本公司环境信息披露内容的数量与质量均有显著提高。

从横向的行业间角度来看，石化塑胶业上市公司披露的环境信息质量最高，其次，食品饮料业与纺织服装皮毛业质量较好，而生物医药业的质量最低，如表 10 - 6 所示。

表 10 - 6　　　　浙江省重污染行业间环境信息披露质量分析

年份	指标	金属 非金属	石化塑胶	造纸 印刷业	食品 饮料业	生物 医药业	纺织服装 皮毛	合计	P 值 （t 检验， 07VS12）
2007	E	2.00	4.67	3.00	2.00	2.22	3.17	2.84	
	Q	3.00	6.33	4.50	2.00	3.44	4.00	3.88	
	T	2.00	5.67	2.50	2.00	1.56	3.00	2.79	
2008	E	4.00	8.33	3.50	6.00	3.78	5.33	5.16	
	Q	5.00	10.33	4.50	5.00	5.00	5.50	5.72	
	T	3.33	8.33	4.25	6.00	2.67	3.83	4.74	

年份	指标	金属非金属	石化塑胶	造纸印刷业	食品饮料业	生物医药业	纺织服装皮毛	合计	
2009	E	4.00	7.67	4.25	6.00	3.36	3.50	4.80	
	Q	5.00	9.67	5.50	4.00	4.45	3.67	5.38	
	T	2.33	8.00	4.25	6.00	2.18	2.67	4.24	
2010	E	4.00	10.67	3.25	8.00	4.25	6.86	6.17	P值(t检验,07VS12)
	Q	5.67	11.33	4.00	6.00	5.33	6.57	6.48	
	T	4.00	8.67	4.50	7.00	2.92	4.29	5.23	
2011	E	6.33	11.67	5.25	9.00	6.00	7.57	7.64	
	Q	8.00	13.00	5.50	9.00	7.83	7.29	8.44	
	T	5.67	10.67	6.25	9.00	4.67	5.43	6.95	
2012	E	8.33	12.67	14.00	9.00	7.50	10.14	10.27	
	Q	10.33	15.00	11.75	11.00	10.25	9.86	11.37	
	T	7.00	10.67	8.75	9.00	6.50	7.57	8.25	
6年平均	E	4.78	9.28	5.54	6.67	4.52	6.10	6.15	0.0408993
	Q	6.17	10.94	5.96	6.00	6.05	6.15	6.88	0.0121553
	T	4.06	8.67	5.08	6.50	3.41	4.46	5.36	0.0645563

10.5 基于环境规制层面的环境信息披露区域比较

环境信息披露的水平受到内部与外部因素的影响。内部因素包括公司规模、公司盈利能力等，外部因素即政府颁布环境规制、颁发许可证、给予补贴等。接下来本章将基于环境规制对北京市与浙江省环境信息披露进行比较，以验证地域性环境信息披露规制的颁布与强度是否对当地环境信息披露水平有所影响。

10.5.1 环境信息披露数量的区域比较

从行业间的数量均值来看，两地的生物医药业环境信息披露数量均为最少；北京市环境信息披露数量位列第四的食品饮料业，在浙江省位列第一，披露数量最多；而在北京市披露数量位列第三的金属与非金属行业，在浙江省数量位列倒数第二。

从总体均值来看，北京市样本公司2008年环境信息披露内容的数量大幅增长，增幅达到12.3%，与当年尚未颁布环境信息披露规制的浙江省拉出较大差距；2011年浙江省样本公司的环境信息披露数量后来居上，以19.6——最大幅度的提升迅猛地超过北京市（见图10-1）。

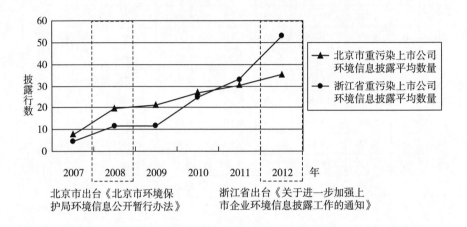

图10-1 北京市与浙江省重污染行业上市公司环境信息披露数量

10.5.2 环境信息披露质量的区域比较

从行业间的3个质量维度均值来看，北京市与浙江省两个不同地区、同一行业的上市公司环境信息披露质量差异显著，质量高低排名几乎相反，但两地的生物医药业环境信息披露内容的质量均为最低。

从时间角度并结合图10-2来看，2008年，北京市环境信息披露质量在三个维度均实现最大幅度的提升，分别上升了2.87、3.46、2.86，并与当年尚未颁布环境信息披露规制的浙江省逐渐拉出差距，一直且持续到2011年；但到2012年，浙江省大幅度上升的时间性与量化性分数远远超过北京市，这同浙江省环境信息披露数量趋势一致。

从E、Q、T三个维度来看，首先，北京市与浙江省环境信息的显著性、量化性和时间性几乎都遵循相同的发展趋势；其次，北京市与浙江省都更注重环境信息的量化性（Q），即较多披露货币化的环境信息，如排污费、绿化费等环保投入与政府补助；但是对时间性（T）的关注较弱，大部分公司仅仅披露当年的环境信息，而忽略了对比与展望（见图 10 - 2）。

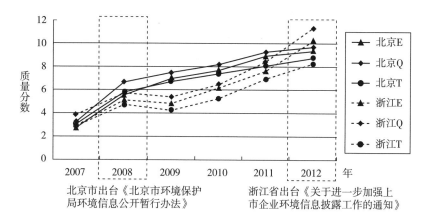

图 10 - 2　北京市与浙江省重污染行业上市公司环境信息披露质量

10.5.3　小结

综上所述，从环境信息披露规制的层面来看，环境信息披露规制颁布时点与强度的差异是导致地域环境信息披露数量与质量差异的主要原因。

2008 年不仅有《上海证券交易所上市公司环境信息披露指引》的约束，北京市环保局也于 2008 年发布了《办法》，2008 之后国家也出台了若干全国性环保规制，但是却只有在 2008 年，北京市样本公司披露内容的数量与质量上升幅度最大，且与当年尚未颁布环境信息披露规制的浙江省拉出较大差距；同样，在 2012 年浙江省环保局出台《通知》后，浙江省样本公司的环境信息披露数量与质量实现了 6 年间最大幅度的增长。在北京市与浙江省共同履行全国性规制的前提下，可以得出结论：北京市与浙江省地域性环境信息披露规制的颁布提高了当地企业环境信息披露的水平。

表 10 - 7 与表 10 - 8 列示了 2007—2012 年北京市与浙江省样本公司逐年环境信息披露数量、质量的变化幅度及幅度差额。表中的"变化幅度差额"将两省共同受到的全国性环境信息披露规制的影响排除在外，从环境

规制层面来说，即表示地域性规制的作用大小。因此我们可以看出：2008年北京市《办法》对数量影响的效用分数为 5.36，对质量影响的效用分别为 0.55、1.62、0.91；2012 年浙江省《通知》对数量影响的效用分数为15.03，对质量影响的效用分别为 2.16、2.51、0.62，浙江省《通知》的效用分数明显高于北京市《办法》的效用分数，即浙江省的环境信息披露规制比北京市发挥了更大的作用，只有地域性环境信息披露规制的不同强度能够解释这一差异（见表 10 – 7、表 10 – 8）。

表 10 – 7 环境信息披露内容的数量变化幅度 单位：行

省份	2008 年	2009 年	2010 年	2011 年	2012 年
北京市	+ 12. 30	+ 1. 42	+ 5. 23	+ 3. 93	+ 4. 57
浙江省	+ 6. 94	+ 0. 14	+ 12. 80	+ 8. 63	+ 19. 60
变化幅度差额（北京 – 浙江）	+ 5. 36	+ 1. 28	– 7. 57	– 4. 70	– 15. 03

表 10 – 8 环境信息披露内容的质量变化幅度

省份	维度	2008 年	2009 年	2010 年	2011 年	2012 年
北京市	E	+ 2. 87	+ 1. 48	+ 0. 69	+ 1. 21	+ 0. 47
	Q	+ 3. 46	+ 0. 83	+ 0. 69	+ 1. 07	+ 0. 42
	T	+ 2. 86	+ 0. 94	+ 0. 60	+ 0. 71	+ 0. 68
浙江省	E	+ 2. 32	– 0. 40	+ 1. 37	+ 1. 47	+ 2. 63
	Q	+ 1. 84	– 0. 30	+ 1. 1	+ 1. 96	+ 2. 93
	T	+ 1. 95	– 0. 50	+ 0. 99	+ 1. 72	+ 1. 30
变化幅度差额（北京 – 浙江）	E	+ 0. 55	+ 1. 88	– 0. 68	– 0. 26	– 2. 16
	Q	+ 1. 62	+ 1. 13	– 0. 41	– 0. 89	– 2. 51
	T	+ 0. 91	+ 1. 44	– 0. 39	– 1. 01	– 0. 62

10. 6 主要结论与启示

地域性环境信息披露规制的出台，促进了当地企业在环境信息披露内容的数量与质量方面的提升；而环境信息披露规制强度的差异，在某种程度上决定了当地环境信息披露的数量与质量的差异。基于此，对我国环境规制体系提出以下建议。

1. 出台地域性环境信息披露规制

全国各省在号召当地企业响应全国性环保规制的同时，地方政府应当意识到建立健全地域性环境信息披露规制体系的必要性。鼓励全国各省出台专门的环境信息披露规制，首先，颁布地域性环境信息披露规制加强了地方企业对环境保护、对环境信息披露行为的重视，意识到自身肩负的环保责任，保障政府、公民对其环境信息的知情权，接受来自外界的监督，对环境、社会公民负责；其次，各省可以根据当地的产业结构有针对性地设置环境规制的条款，对主要污染企业做严格的规制约束，对一般企业则鼓励自愿披露，提高全省环境信息披露率，督促提高省内环境质量。

2. 提高地域性环境信息披露规制强度

第一，在环境信息披露规制中对进行环境信息披露的对象范围作明确指定，为不同性质的行业设置条款约束，使各行业企业明确披露标准，披露环境信息时有制度可依。

第二，在环境信息披露规制中对环境信息披露的内容作详细阐述，具体指导各企业该披露哪些内容，避免各企业披露内容参差不齐、避重就轻，对重污染行业约束的条款使用强制性用语，如"必须"，减少"应当""鼓励"等动词，以此保证重污染行业完整、真实并及时地披露当期环境信息。

第三，在环境信息披露规制中明确规定环境信息披露的形式，如以文字形式披露或以量化形式披露，对污染物排放量、环保支出、三废收入等能够量化的指标则作出必须量化的要求，以期与上期数据作对比，考察企业每年在节能减排方面所做的努力，鼓励企业以图表形式展示其环保成效，督促各企业每年在环保技术方面不断改进。

第四，地方环保部门或独立第三方定期对环境信息的披露行为进行监督。在实证资料收集中，笔者发现一部分企业连续几年的可持续发展报告内容完全一致，仅变更了年份，因此环境信息披露规制应规定相应部门对企业环境信息披露内容进行审核，消灭企业侥幸心理。

　　第五，在规制中设置激励与惩处条款，奖励当期环境信息披露行为较出色的企业，为其他企业提供范例，而对懈怠的企业也要给予严重的警告与处分，奖罚分明，按规制条款严格执行，对上市公司起到激励与警示作用。

第 11 章　环境规制
对我国纺织企业的财务影响研究

11.1　问题的提出

　　改革开放以来，我国的经济水平得到了飞跃性的提高，如今已位于经济强国之列。现今"Made in China"印在了世界各地的商品上，曾有一位外国学者和她的家人尝试在一年内不使用带有该标志的产品，最终她感叹假若继续这样的日子，她们一定会筋疲力尽、倾家荡产，我国正在国际舞台上展现着独有的风采。但是我国的产品以"污染重、耗能高、资源密集型"为主，环境被污染、资源面临枯竭，由工业引发的环境问题已非常严重，解决我国经济发展与环境污染的矛盾刻不容缓。《赢在中国蓝天碧水间》节目中十二位企业家分为"蓝天队"和"碧水队"，通过进行商业实战赢取公益基金来分别用于"大气污染防治"和"水源地保护"项目，倡导蓝天碧水，关注生态。关心我们赖以生存的环境已经潜移默化于人们的心中，越来越多的人开始注重环境的保护，倡导可持续性发展。在众多工业中，纺织业是我国重要的民生产业，很早就已兴起，占据着我国国民经济的重要地位，也缓解了我国的就业压力，对我国经济和社会的发展有至关重要的意义，但同时不可忽略的是 2012 年纺织业共排放工业废水 23.7 亿吨，在工业废水总量中位列第三。显而易见，纺织业也是名副其实的重污染产业，其环保任务也很艰巨。

11.2　理论分析

美国在 20 世纪 60—70 年代发生了一起声势浩大的环境保护运动，经此一役后社会人士开始广泛关注环境与企业间的关系，学术界也展开了多样的研究。相比于国外而言，我国对环境和企业关系的学习开始得比较晚，随着这些年来我国产品出口贸易的发展、法律的逐渐完善和环境与生产矛盾的加剧，我国学者开始关注这一问题并对其进行探讨。

一些学者觉得环境规制对企业所产生的影响是消极的，将会降低企业的盈利能力。例如，Sancho、Tadeo 和 Martinez（2000）用西班牙家具制造业和木制品的效率指数作为基础进行实证研究，发现环境规制对该产业的生产效率存在负面作用。Gray 和 Shadbegian（2005）运用实证多次分析了在 1979—1990 年美国的钢铁、石油和造纸三产业的样本数据，发现反映环境规制强度的污染治理成本与产业生产率呈负相关。姚蕾和宁俊（2013）运用计量经济模型进行实证研究也得到了类似结论，最终的回归结果显示纺织服装产业的环境规制强度对我国纺织服装出口贸易起着负面影响，纺织服装的出口贸易量会随着环境规制严格力度的加强而萎缩。

一些学者认为环境规制对企业将会产生积极的影响，推动企业的发展并使其得到更加良好的成长环境。例如，Mitsutsugu（2006）分析了日本在 20 世纪六七十年代环境规制对高污染产业全要素生产率的影响，以污染控制支出、研发投入分别代替环境规制成本、技术创新，通过实证研究发现日本高污染产业的污染控制支出和企业的技术创新呈正相关。赵玉焕（2009）采用实证分析方法，研究发现我国纺织品出口额与纺织业环境成本变化呈显著性正相关，对环境规制的加强有助于提高我国纺织品出口量。朱承亮、岳宏志等（2011）基于 1998—2008 年省际面板数据，运用超越对数型随机前沿模型进行研究的结果发现环境污染治理强度对环境约束下的经济增长效率改善起到了积极的促进作用。李小平、卢现祥等（2012）通过对我国 30 个工业行业在 1998—2008 年的数据进行的经验分析，也得出了工业行业环境规制强度能够提升产业贸易比较优势的结论。

　　另外一些学者认为两者之间存在着影响，但其影响形式比较复杂。例如，Lanoie，Patry 和 Lajeunesse（2001）在研究环境规制对企业全要素生产率的影响时将企业分为了面临竞争强与面临竞争弱两类，结果显示企业面临的竞争越强，环境规制对企业全要素生产率的正面影响就越显著。张倩（2011）进行实证分析后得到的结论为环境保护强度与我国纺织服装业的显示性比较优势指数和 MI 指数呈负相关的同时与该行业的国际市场占有率以及贸易竞争指数呈正相关，说明环境保护对产业国际竞争力既有消极影响也有正面影响。张成、陆旸等（2011）采用面板数据，对我国 30 个省份的工业部门在 1998—2007 年的环境规制强度和企业生产技术进步之间构建模型进行了研究，结果表明，在东中部地区，企业的生产技术进步率在起初较弱的环境规制强度下被削弱了，但随着环境规制强度的增加却逐步提高，即环境规制强度和企业生产技术进步之间呈现"U"形关系，而在西部地区这两者之间还尚未形成在统计意义上显著的"U"形关系。

　　还有一些学者则认为两者之间的影响至今还无法明确。例如，Busse（2004）在 HOV 模型上以参与国际协调的努力程度和环境管理作为环境规制强度的替代变量，在对 2001 年 119 个国家的数据进行分析后发现，除钢铁业之外，比较高的环境规制标准并没有导致高污染行业国际竞争力的降低，纺织行业也是如此。傅京燕（2006）仔细分析了影响环境和竞争力关系的各个因素，并且比较了环境成本内部化对一些产业国际竞争力的影响幅度，发现无法判断出环境规制将会对产业竞争力产生何种影响。郭红燕，刘民权等（2011）经过研究发现，环境规制对国际竞争力的影响是不确定的，环境规制将会通过多种要素以及多个途径对经济产生影响，这些效应的综合体现才是环境规制对国际竞争力的最终影响。

　　我国的纺织品早在两千多年前就通过丝绸之路而为众多国家所知晓，我国自古以来就是纺织品生产大国。我国纺织行业以长江、珠江、环渤海三大三角洲为经济中心，主要集中在苏、浙、粤、鲁等地区，形成了特有的产业集群现象。在全球经济一体化下，外贸压力不断加大，纺织行业在经历了人民币升值、劳动力成本上涨和美欧国家反倾销制裁的冲击下出现了增速放缓的态势，虽因国际市场需求减少、国内外棉价差拉大等原因造成了纺织业的产值有所下降，但是纺织业的净资产和利润总额总体呈现上升趋势。鉴于目前国际市场发生剧烈动荡的风险较低、我国内需增速稳中有升的情况，我国纺织业将继续保持平稳发展的态势。

纺织行业的发展推动了经济的增长，但与此同时生态环境的污染问题也随之而来。在由国家统计局调查统计的 41 个工业行业中，2012 年我国共有 20435 家纺织企业，排放了 23.73 亿吨工业废水，占重点调查工业废水排放总量的 11.7%，废水排放量紧随纸制品业、化学制品制造业两者之后，成为水污染的重要排放行业。纺织业是一个用水量和排水量都比较大的产业，废水是其引发的最主要环境问题。对于我国的纺织业来说，一大半的所需水量皆用于高污染且处理难度大的印染环节，废水的回收再利用率较低；该行业的废气主要产生于行业内使用的锅炉，约有 15% 的锅炉排放不达标；固体废弃物主要是下脚料与锅炉废渣；噪声污染绝大多数来自设备与机器的运作。

显然，各国的学者都相当关注环境规制与企业贸易之间的关系，进行了认真严谨的研究，大致分为四种观点，一部分学者认为前者对后者存在着消极影响，对企业环境要求的提高会增加生产成本同时降低利润：一部分学者则认为前者对后者存在着积极影响，环境规制措施能够推动企业贸易的成长繁荣；另一部分学者认为两者之间有联系，但其影响方式并不一致；还有一些学者则觉得这两者之间的关系尚不确定。众多学者在关于环境规制对企业国际竞争力和出口贸易的影响上分析得比较普遍深入，但是专门分析纺织业的环境规制对企业影响的研究却比较稀少。因此，本书针对我国纺织企业的实际情况，研究环境规制对我国纺织企业所产生的财务影响。

11.3　研究方法

本章结合专家调查法，在产业 ERS 综合评价指标体系的思路和计算方法基础上运用离差最大化模型，构建了一个环境规制强度综合评价体系对环境规制进行测量，从整体上对纺织产业进行评价。

基于"离差最大化"的环境规制强度综合评价体系。

1. 离差最大化

用 $A = \{A_1, A_2, \cdots, A_n\}$ 代表方案集，$G = \{G_1, G_2, \cdots, G_m\}$ 代表指标集，$Y_{ij}(i = 1, 2, \cdots, n; j = 1, 2, \cdots, m)$ 代表 A_i 方案对 G_j 指标的属性值，$Y = (Y_{ij})_{n \times m}$ 矩阵代表 A 方案集对 G 指标集的"属性矩阵"。

此处使用"成本型"指标，该指标的指标值越小越好：

用 $Z = (Z_{ij})_{n \times m}$ 代表无量纲化处理后所得到的属性矩阵，Z_{ij} 总是越大越好。令 w 代表评价指标的加权向量，另外还需满足下述两个约束条件：

$$w = (w_1, w_2, \cdots, w_m)^T > 0;$$

$$\sum_{j=1}^{m} w_j^2 = 1$$

假设对于 G_j 指标，用 $v_{ij}(w)$ 表示 A_i 方案与其他决策方案的离差，则有

$$v_{ij}(w) = \sum_{k=1}^{n} |w_j z_{ij} - w_j z_{kj}| \quad i = 1, 2, L, n; j = 1, 2, L, m$$

令 $v_j(w) = \sum_{i=1}^{n} v_{ij}(w) = \sum_{i=1}^{n} \sum_{k=1}^{n} |z_{ij} - z_{kj}| w_j \quad j = 1, 2, L, m$

其中 $v_j(w)$ 表示在 G_j 指标下所有方案与其他方案的离差之和。

为了使离差之和取得最大值，可构造如下目标函数：

$$\max F(w) = \sum_{j=1}^{m} v_j(w) = \sum_{j=1}^{m} \sum_{i=1}^{n} \sum_{k=1}^{n} |z_{ij} - z_{kj}| w_j$$

求加权向量 w 的问题则可等同于如下非线性规划问题：

$$\begin{cases} \max F(w) = \sum_{j=1}^{m} v_j(w) = \sum_{j=1}^{m} \sum_{i=1}^{n} \sum_{k=1}^{n} |z_{ij} - z_{kj}| w_j \\ \text{s. t.} \quad \sum_{j=1}^{m} w_j^2 = 1 \end{cases}$$

利用拉格朗日最小二乘法求解上述模型最优解并作归一化处理，如下所示：

$$w_j^* = \frac{\sum\limits_{i=1}^{n} \sum\limits_{k=1}^{n} |z_{ij} - z_{kj}|}{\sum\limits_{j=1}^{m} \sum\limits_{i=1}^{n} \sum\limits_{k=1}^{n} |z_{ij} - z_{kj}|} \quad j = 1,2,\Lambda,m$$

从而可求得最优加权向量 W。

2. 与环境规制强度评价有关指标的选取

①废水类指标：单位产值废水排放、单位产值化学需氧量排放；

②废气类指标：单位产值废气排放、单位产值二氧化硫排放、单位产值烟（粉）尘排放；

③废渣类指标：单位产值固体废物排放量和产生量。

上述指标基本的计算公式为：单位产值污染物排放量＝污染排放量/产值。这些单位产值污染物排放量基本呈线性变化，因而在标准化时采取线性方法，该方法如下所示：

设第 $i(i = 1,2,\cdots,p)$ 种子目标的第 $j(j = 1,2,\cdots,q)$ 种指标原始值是 X_{ij}，标准化值是 Y_{ij}，β_j 是指标 j 在观察期间的平均值，对各指标进行线性标准化的计算公式为：

$$Y_{ij} = 1 + (\beta_j - X_{ij})/\beta_j = 2 - X_{ij}/\beta_j$$

环境规制强度综合评价体系的构成部分为一个目标层、三个评价指标层以及若干个单项指标层。其评价方法的计算公式为

$$S_i = \sum_{j=1}^{q} \lambda K_j Y_{ij};$$

$$ERS = \sum_{i=1}^{p} S_i$$

其中，Y_{ij} 为第 $i(i = 1,2,\cdots,p)$ 个评价对象的第 $j(j = 1,2,\cdots,q)$ 项污染物的单位产值排放量标准化后的值，K_j 为评价指标 Y_{ij} 的调整系数（$K_j \geqslant 0$，$\sum W_j \neq 1$），λ 为用离差最大化求得的评价对象 i 污染物 j 的权重值，S_i 为第 i 个被评价对象的综合评价值，ERS 为产业的环境规制强度值。调整系数 K_j 的取值方法为

$$K_j = \frac{E_j}{\sum E_j} \left/ \frac{O_i}{\sum O_i} \right. = \frac{E_j}{O_i} \times \frac{\sum O_i}{\sum E_j} = \frac{E_j}{O_i} \left/ \frac{\sum E_j}{\sum O_i} \right. = UE_{ij} / \overline{UE_{ij}}$$

K_j 为产业 $i(i = 1, 2, \cdots, m)$ 污染物 $j(j = 1, 2, \cdots, n)$ 的排放量 (E_{ij}) 占全国同类污染排放总量 ($\sum E_{ij}$) 的比重与产业 i 的总产值 (O_i) 占全部工业总产值 ($\sum O_i$) 的比重的比值。经转换可变为：产业 i 污染物 j 的单位产值排放 (UE_{ij}) 与产业 i 污染物 j 单位产值排放全国平均水平的比值。

11.4　数据来源

1. 纺织业财务指标的选取

本书参考"四种能力"分析（荆新、王化成、刘俊彦，2002）财务评价体系，现采用流动比率、资产负债率等九项具体指标对纺织企业的偿债能力、营运能力、盈利能力、发展能力进行分析。

表 11 - 1　　　　　　　　　　企业的财务能力及指标

一级指标	二级指标	计算公式
偿债能力	流动比率	流动资产÷流动负债
	资产负债率	负债总额÷资产总额×100%
营运能力	流动资产周转次数	营业收入÷流动资产平均余额
	固定资产周转次数	营业收入÷固定资产平均净值
盈利能力	工业成本费用利润率	利润总额÷成本费用总额×100%
	总资产贡献率	（利润总额＋税金总额＋利息支出）÷平均资产总额×100%
发展能力	净资产增长率	（期末净资产－期初净资产）÷期初净资产×100%
	总资产增长率	（期末总资产－期初总资产）÷期初总资产×100%
	主营业务收入增长率	（本期主营业务收入－上期主营业务收入）÷上期主营业务收入×100%

2. 指标的数据

依据 1997—2013 年《中国统计年鉴》的相关数据进行整理，经计算得到下述结果。

表 11 - 2　　　　　　　　　　1996—2012 年我国纺织业指标数据

年份	纺织业总产值（亿元）	废水排放量（亿吨）	化学需氧量排放量（万吨）	废气排放量（亿标立方米）	二氧化硫排放量（万吨）	烟（粉）尘排放量（万吨）	固体废物排放量（万吨）	固体废物产生量（万吨）
1996	4722.29	8.71	32.78	1373	26.50	13.83	12.0	411.0
1997	4760.28	10.28	49.53	1650	33.40	16.89	14.0	507.0
1998	4376.27	11.01	36.96	1500	28.64	14.97	10.0	435.0
1999	4529.82	12.12	34.84	1447	24.72	12.30	11.0	426.0
2000	5149.30	12.56	38.46	1577	25.71	12.17	10.0	437.0
2001	5621.56	12.90	24.40	1817	26.26	11.74	7.0	513.0
2002	6370.79	13.22	26.46	2022	23.04	10.78	5.0	511.0
2003	7725.20	14.13	24.51	2428	24.65	10.29	8.0	529.0
2004	11655.12	15.39	30.26	2629	29.37	12.70	37.9	870.0
2005	12671.65	17.22	29.86	3020	29.62	13.08	17.0	690.0
2006	15315.50	19.79	31.55	3843	30.27	12.96	2.9	679.0
2007	18733.31	22.52	34.49	3015	27.59	12.88	3.5	660.4
2008	21393.12	23.04	31.43	3368	26.38	13.11	2.0	790.0
2009	22971.38	23.91	31.31	3448	25.61	12.83	1.0	732.5
2010	28507.92	24.55	30.06	3258	24.72	12.11	0.5	753.8
2011	32652.99	24.08	29.22	4342	27.23	10.14	0.4	677.0
2012	31995.96	23.73	27.74	3164	26.98	9.21	0.4	693.2

表 11 - 3　　　　　　　　　　1996—2012 年我国工业指标数据

年份	工业总产值（亿元）	废水排放量（亿吨）	化学需氧量排放量（万吨）	废气排放量（亿标立方米）	二氧化硫排放量（万吨）	烟（粉）尘排放量（万吨）	固体废物排放量（万吨）	固体废物产生量（万吨）
1996	62740.16	205.89	703.56	111196	1363.57	1319.85	1690.0	65897.0
1997	68352.68	226.72	1072.79	123737	1852.00	2770.00	18412.0	105849.0
1998	67737.14	200.47	800.61	121203	1594.44	2499.70	7048.2	80068.1
1999	72707.04	197.30	691.73	126807	1460.09	2128.73	3880.0	78442.0
2000	85673.66	194.24	704.54	138145	1612.51	2045.33	3186.2	81607.7
2001	95448.98	202.70	607.50	160863	1566.60	1842.50	2893.8	88840.0
2002	110776.48	207.19	584.04	175257	1561.98	1745.24	2635.2	94509.0
2003	142271.22	212.40	511.90	198906	1791.60	1867.40	1940.9	100428.0

续表

年份	工业总产值（亿元）	废水排放量（亿吨）	化学需氧量排放量（万吨）	废气排放量（亿标立方米）	二氧化硫排放量（万吨）	烟（粉）尘排放量（万吨）	固体废物排放量（万吨）	固体废物产生量（万吨）
2004	201722.19	221.14	509.70	237696	1891.40	1791.30	1762.0	120030.0
2005	251619.50	243.11	554.73	268988	2168.40	1860.10	1654.7	134449.0
2006	316588.96	240.20	542.30	330990	2237.60	1672.90	1302.1	151541.0
2007	405177.13	246.60	511.00	388169	2140.00	1469.80	1196.7	175632.0
2008	507284.89	241.70	457.60	403866	1991.30	1255.60	781.8	190127.0
2009	548311.42	234.39	439.68	436064	1865.90	1128.00	710.5	203943.0
2010	698590.54	237.47	434.77	519168	1864.40	1051.90	498.2	240944.0
2011	844268.79	230.87	354.80	674509	2017.23	1100.88	433.3	326204.0
2012	903885.36	221.59	338.45	635519	1911.71	1029.31	144.2	332509.0

表 11-4　　　　　　　1996—2012 年我国纺织业财务指标

年份	流动比率	资产负债率（%）	流动资产周转率（次/年）	固定资产周转率（次/年）	工业成本费用利润率（%）	总资产贡献率（%）	净资产增长率（%）	总资产增长率（%）	主营业务收入增长率（%）
1996	0.79	78.24	1.58	1.91	-1.93	2.56	3.20	5.05	-3.27
1997	0.79	76.86	1.47	1.81	-0.71	3.36	10.27	5.46	1.03
1998	0.79	75.68	1.44	1.65	-0.83	4.33	3.68	-3.40	-7.15
1999	0.82	73.48	1.57	1.75	0.94	5.46	8.68	-0.33.	7.38
2000	0.87	70.28	1.78	2.07	2.92	7.20	12.93	0.76	15.97
2001	0.89	67.49	1.80	2.11	2.58	6.67	14.53	4.72	8.29
2002	0.91	65.72	1.97	2.39	3.14	7.09	13.68	7.81	15.92
2003	0.94	63.17	2.13	2.54	3.42	7.43	25.47	16.78	24.13
2004	0.93	63.07	2.30	3.18	3.09	8.08	17.61	19.88	33.69
2005	0.97	61.27	2.47	3.34	3.68	9.26	18.57	10.76	23.48
2006	0.99	60.24	2.59	3.59	3.95	10.04	17.18	13.99	20.94
2007	1.00	60.12	2.64	3.87	4.46	11.21	16.65	16.33	21.37
2008	1.02	58.26	2.69	3.84	4.74	12.51	16.88	11.66	14.10
2009	1.05	56.95	2.67	3.98	5.15	12.43	9.38	6.48	8.42
2010	1.08	56.79	2.82	4.48	6.45	15.11	15.24	15.06	25.10
2011	1.11	56.22	3.07	4.96	6.41	16.39	7.80	6.40	14.86
2012	1.13	55.96	3.03	4.77	6.24	15.94	2.49	2.43	-0.15

　　财务指标总体呈现良好发展的态势，流动比率一直上升，资产负债率一直下降，纺织业的偿债能力不断得到改善，该能力比较强；流动资产周转率、固定资产周转率和工业成本费用利用率、总资产贡献率总体也呈上升趋向，其间虽有所下降，但是下降幅度不大，并不太影响纺织业的总体营运能力和盈利能力；而近几年的净资产增长率、总资产增长率、主营业务收入增长率下降幅度较大，但净资产、总资产并不是负增长，其总额是呈上升趋势的，只是近期的成长速度没有以往那么的迅速而已，主营业务收入增长率在 2012 年为 -0.15%，主营业务收入相比上一年而言有所下降，但其下降份额较小，基本上与 2011 年持平，从整体上来说纺织业的成长情况比较好。

11.5　结果与讨论

　　1. 环境规制强度的计算

　　（1）Y_{ij} 的计算

　　通过 1997—2013 年《中国统计年鉴》《中国环境统计年鉴》的相关数据，整理后结果如表 11 - 5 所示。

表 11 - 5　　　　1996—2012 年我国纺织业单位产值三废 X_{ij} 数据

年份	废水排放量（亿吨/亿元）	化学需氧量排放量（万吨/亿元）	废气排放量（亿标立方米/亿元）	二氧化硫排放量（万吨/亿元）	烟（粉）尘排放量（万吨/亿元）	固体废物排放量（万吨/亿元）	固体废物产生量（万吨/亿元））
1996	0.00184	0.00694	0.29075	0.00561	0.00293	0.00254	0.08703
1997	0.00216	0.01040	0.34662	0.00702	0.00355	0.00294	0.10651
1998	0.00252	0.00845	0.34276	0.00654	0.00342	0.00229	0.09940
1999	0.00268	0.00769	0.31944	0.00546	0.00272	0.00243	0.09404
2000	0.00244	0.00747	0.30626	0.00499	0.00236	0.00194	0.08487
2001	0.00229	0.00434	0.32322	0.00467	0.00209	0.00125	0.09126
2002	0.00208	0.00415	0.31739	0.00362	0.00169	0.00078	0.08021
2003	0.00183	0.00317	0.31430	0.00319	0.00133	0.00104	0.06848
2004	0.00132	0.00260	0.22557	0.00252	0.00109	0.00325	0.07465

续表

年份	废水排放量 （亿吨/ 亿元）	化学需氧量 排放量 （万吨/ 亿元）	废气排放量 （亿标 立方米/ 亿元）	二氧化硫 排放量 （万吨/ 亿元）	烟（粉） 尘排放量 （万吨/ 亿元）	固体废物 排放量 （万吨/ 亿元）	固体废物 产生量 （万吨/ 亿元））
2005	0.00136	0.00236	0.23833	0.00234	0.00103	0.00134	0.05445
2006	0.00129	0.00206	0.25092	0.00198	0.00085	0.00019	0.04433
2007	0.00120	0.00184	0.16094	0.00147	0.00069	0.00019	0.03525
2008	0.00108	0.00147	0.15743	0.00123	0.00061	0.00009	0.03693
2009	0.00104	0.00111	0.15010	0.00111	0.00056	0.00004	0.03189
2010	0.00086	0.00105	0.11428	0.00087	0.00042	0.00002	0.02644
2011	0.00074	0.00089	0.13297	0.00083	0.00031	0.00001	0.02073
2012	0.00074	0.00087	0.09889	0.00084	0.00029	0.00001	0.02166
β_{ij}	0.00162	0.00395	0.24060	0.00319	0.00153	0.00120	0.06224

标准化值 Y_{ij} 的计算公式为：$Y_{ij} = 1 + (\beta_j - X_{ij})/\beta_j = 2 - X_{ij}/\beta_j$，经计算可得表 11 - 6。

表 11 - 6　　1996—2012 年我国纺织业单位产值三废标准化值 Y_{ij}

年份	废水排放量 （亿吨/ 亿元）	化学需氧量 排放量 （万吨/ 亿元）	废气排放量 （亿标 立方米/ 亿元）	二氧化硫 排放量 （万吨/ 亿元）	烟（粉） 尘排放量 （万吨/ 亿元）	固体废物 排放量 （万吨/ 亿元）	固体废物 产生量 （万吨/ 亿元）
1996	0.85836	0.24189	0.79156	0.24312	0.08059	- 0.12280	0.60171
1997	0.66333	- 0.63528	0.55934	- 0.19666	- 0.32538	- 0.45683	0.28887
1998	0.44279	- 0.13904	0.57539	- 0.04888	- 0.24189	0.09113	0.40305
1999	0.34390	0.05200	0.67231	0.29150	0.22040	- 0.02858	0.48910
2000	0.49025	0.10830	0.72711	0.43684	0.45104	0.37770	0.63642
2001	0.57965	0.90068	0.65660	0.53753	0.63130	0.95979	0.53389
2002	0.71559	0.94807	0.68084	0.86776	0.89102	1.34437	0.71135
2003	0.86787	1.19643	0.69369	1.00102	1.12702	1.13491	0.89985
2004	1.18282	1.34243	1.06248	1.21108	1.28586	- 0.71789	0.80075
2005	1.15871	1.40317	1.00944	1.26819	1.32349	0.87928	1.12517
2006	1.20021	1.47825	0.95709	1.38123	1.44541	1.84237	1.28773
2007	1.25592	1.53370	1.33107	1.53891	1.54939	1.84392	1.43363
2008	1.33339	1.62790	1.34566	1.61395	1.59837	1.92190	1.40672

年份	废水排放量（亿吨/亿元）	化学需氧量排放量（万吨/亿元）	废气排放量（亿标立方米/亿元）	二氧化硫排放量（万吨/亿元）	烟（粉）尘排放量（万吨/亿元）	固体废物排放量（万吨/亿元）	固体废物产生量（万吨/亿元）
2009	1.35575	1.65479	1.37614	1.65096	1.63395	1.96509	1.48770
2010	1.46697	1.73294	1.52500	1.72852	1.72160	1.98681	1.57519
2011	1.54355	1.77335	1.44732	1.73892	1.79648	1.98951	1.66691
2012	1.54094	1.78042	1.58899	1.73601	1.81135	1.98930	1.65195

（2）K_j 的计算

表 11 –7 　　　　1996—2012 年我国工业单位产值三废 X_{ij} 数据

年份	废水排放量（亿吨/亿元）	化学需氧量排放量（万吨/亿元）	废气排放量（亿标立方米/亿元）	二氧化硫排放量（万吨/亿元）	烟（粉）尘排放量（万吨/亿元）	固体废物排放量（万吨/亿元）	固体废物产生量（万吨/亿元））
1996	0.00328	0.01121	1.77233	0.02173	0.02104	0.02694	1.05032
1997	0.00332	0.01569	1.81027	0.02709	0.04053	0.26937	1.54857
1998	0.00296	0.01182	1.78931	0.02354	0.03690	0.10405	1.18204
1999	0.00271	0.00951	1.74408	0.02008	0.02928	0.05336	1.07888
2000	0.00227	0.00822	1.61246	0.01882	0.02387	0.03719	0.95254
2001	0.00212	0.00636	1.68533	0.01641	0.01930	0.03032	0.93076
2002	0.00187	0.00527	1.58208	0.01410	0.01575	0.02379	0.85315
2003	0.00149	0.00360	1.39808	0.01259	0.01313	0.01364	0.70589
2004	0.00110	0.00253	1.17833	0.00938	0.00888	0.00873	0.59503
2005	0.00097	0.00220	1.06903	0.00862	0.00739	0.00658	0.53433
2006	0.00076	0.00171	1.04549	0.00707	0.00528	0.00411	0.47867
2007	0.00061	0.00126	0.95802	0.00528	0.00363	0.00295	0.43347
2008	0.00048	0.00090	0.79613	0.00393	0.00248	0.00154	0.37479
2009	0.00043	0.00080	0.79529	0.00340	0.00206	0.00130	0.37195
2010	0.00034	0.00062	0.74316	0.00267	0.00151	0.00071	0.34490
2011	0.00027	0.00042	0.79893	0.00239	0.00130	0.00051	0.38637
2012	0.00025	0.00037	0.70310	0.00211	0.00114	0.00016	0.36787

根据公式 $K_j = \dfrac{E_j}{\sum E_j} / \dfrac{O_i}{\sum O_i} = \dfrac{E_j}{O_i} \times \dfrac{\sum O_i}{\sum E_j} = \dfrac{E_j}{O_i} / \dfrac{\sum E_j}{\sum O_i} = UE_{ij} / \overline{UE_{ij}}$，

将表 11 – 1 和表 11 – 3 相关数据相除，最终可得到 K_j。

表 11 - 8　　　　　　　　　1996—2012 年 K_j 的计算结果

年份	废水排放量（亿吨/亿元）	化学需氧量排放量（万吨/亿元）	废气排放量（亿标立方米/亿元）	二氧化硫排放量（万吨/亿元）	烟（粉）尘排放量（万吨/亿元）	固体废物排放量（万吨/亿元）	固体废物产生量（万吨/亿元））
1996	0.56205	0.61901	0.16405	0.25820	0.13922	0.09434	0.08286
1997	0.65107	0.66294	0.19147	0.25896	0.08755	0.01092	0.06878
1998	0.85008	0.71455	0.19156	0.27803	0.09270	0.02196	0.08409
1999	0.98599	0.80842	0.18316	0.27175	0.09274	0.04550	0.08717
2000	1.07585	0.90824	0.18993	0.26528	0.09900	0.05222	0.08910
2001	1.08056	0.68196	0.19178	0.28461	0.10819	0.04107	0.09804
2002	1.10947	0.78777	0.20061	0.25648	0.10740	0.03299	0.09402
2003	1.22517	0.88179	0.22481	0.25339	0.10148	0.07591	0.09701
2004	1.20431	1.02752	0.19143	0.26876	0.12271	0.37249	0.12545
2005	1.40677	1.06886	0.22294	0.27124	0.13963	0.20401	0.10191
2006	1.70309	1.20261	0.24000	0.27964	0.16014	0.04588	0.09262
2007	1.97518	1.45983	0.16800	0.27885	0.18953	0.06326	0.08133
2008	2.26039	1.62868	0.19775	0.31413	0.24759	0.06066	0.09853
2009	2.43490	1.69976	0.18874	0.32761	0.27149	0.03225	0.08573
2010	2.53338	1.69429	0.15378	0.32491	0.28212	0.02213	0.07666
2011	2.69679	2.12939	0.16644	0.34902	0.23815	0.02447	0.05366
2012	3.02528	2.31542	0.14065	0.39869	0.25277	0.08032	0.05889

（3）S_i 以及环境规制强度值的计算

运用离差最大化决策方法计算权重 λ，λ 值归一化之后的结果分别为 0.50489、0.49511、0.33920、0.30988、0.35092、0.45371、0.54629。在此作用下，纺织业的环境规制强度值如表 11 - 9 所示。

表 11 - 9　　　　　1996—2012 年我国纺织业的环境规制强度值

年份	废水（S_1）（万吨/亿元）	废气（S_2）（万吨/亿元）	废渣（S_3）（万吨/亿元）	废水排放量（亿吨/亿元）	化学需氧量排放量（万吨/亿元）	废气排放量（亿标立方米/亿元）	二氧化硫排放量（万吨/亿元）	烟（粉）尘排放量（万吨/亿元）	固体废物排放量（万吨/亿元）	固体废物产生量（万吨/亿元）	环境规制强度（万吨/亿元）
1996	0.318	0.067	0.032	0.244	0.074	0.044	0.019	0.004	0.005	0.027	0.418
1997	0.427	0.062	0.013	0.218	0.209	0.036	0.016	0.010	0.002	0.011	0.502
1998	0.239	0.049	0.019	0.190	0.049	0.037	0.004	0.008	0.001	0.019	0.308

续表

年份	废水 (S_1)（万吨/亿元）	废气 (S_2)（万吨/亿元）	废渣 (S_3)（万吨/亿元）	废水排放量（亿吨/亿元）	化学需氧量排放量（万吨/亿元）	废气排放量（亿标立方米/亿元）	二氧化硫排放量（万吨/亿元）	烟（粉）尘排放量（万吨/亿元）	固体废物排放量（万吨/亿元）	固体废物产生量（万吨/亿元）	环境规制强度（万吨/亿元）
1999	0.192	0.073	0.024	0.171	0.021	0.042	0.025	0.007	0.001	0.023	0.289
2000	0.315	0.098	0.040	0.266	0.049	0.047	0.036	0.016	0.009	0.031	0.453
2001	0.620	0.114	0.046	0.316	0.304	0.043	0.047	0.024	0.018	0.029	0.781
2002	0.771	0.149	0.057	0.401	0.370	0.046	0.069	0.034	0.020	0.037	0.976
2003	1.059	0.172	0.087	0.537	0.522	0.053	0.079	0.040	0.039	0.048	1.318
2004	1.402	0.225	0.176	0.719	0.683	0.069	0.101	0.055	0.121	0.055	1.804
2005	1.566	0.248	0.144	0.823	0.743	0.076	0.107	0.065	0.081	0.063	1.957
2006	1.912	0.279	0.104	1.032	0.880	0.078	0.120	0.081	0.038	0.065	2.295
2007	2.361	0.312	0.117	1.252	1.109	0.076	0.133	0.103	0.053	0.064	2.789
2008	2.834	0.386	0.129	1.522	1.313	0.090	0.157	0.139	0.053	0.076	3.349
2009	3.059	0.411	0.098	1.667	1.393	0.088	0.168	0.156	0.029	0.070	3.569
2010	3.330	0.424	0.086	1.876	1.454	0.080	0.174	0.170	0.020	0.066	3.840
2011	3.971	0.420	0.071	2.102	1.870	0.082	0.188	0.150	0.022	0.049	4.462
2012	4.395	0.451	0.126	2.354	2.041	0.076	0.214	0.161	0.072	0.053	4.971

从表 11-9 的结果中可发现，总体上 1996—2012 年这 17 年间我国纺织业的环境规制强度值呈现出一个不断上升的态势，说明我国的环境规制强度逐步加大，保护环境的意识越来越强，对环境越加重视。

2. 环境保护强度与我国纺织业财务数据相关指标的相关性分析

现分别分析环境规制强度（E）与流动比率（F_1）、资产负债率（F_2）、流动资产周转率（F_3）、固定资产周转率（F_4）、工业成本费用利润率（F_5）、总资产贡献率（F_6）、净资产增长率（F_7）、总资产增长率（F_8）、主营业务收入增长率（F_9）的相关性。

利用软件 EViews 6.0 对上述六个指标进行相关性分析，即可得到各个指标间的研究两个变量线性关系程度与方向的相关系数 r，当 r 为正数时意味着这两个变量呈正相关关系，否则即表示呈负相关关系；当 $|r| \geq 0.95$ 时，表示显著性相关关系；当 $0.95 > |r| \geq 0.8$ 时，表示高度相关；当 $0.5 \leq |r| <$

0.8 时,表示中度相关;当 $0.3 \leqslant |r| < 0.5$ 时,表示低度相关;当 $|r| < 0.3$ 时可视作不相关。上述指标之间的 r 值如表 11 - 10 所示。

表 11 - 10 1996—2012 年我国纺织业环境保护强度和财务指标的相关系数

项目	F_1	F_2	F_3	F_4	F_5	F_6	F_7	F_8	F_9
E	0.9664	- 0.8961	0.9608	0.9823	0.8694	0.9661	- 0.0355	0.3145	0.2287

由表 11 - 10 数据可以发现,环境保护强度与流动比率、资产负债率、流动资产周转率、固定资产周转率、工业成本费用利润率、总资产贡献率、净资产增长率、总资产增长率、主营业务收入增长率的相关系数分别为 0.9664、 - 0.8961、0.9608、0.9823、0.8694、0.9661、 - 0.0355、0.3145、0.2287。这些数据说明了环境规制强度与前六个指标之间高度正相关甚至有些呈显著性正相关,而与净资产增长率、总资产增长率、主营业务收入增长率几乎是不相关,即环境规制对我国纺织企业的财务在发展能力方面无显著影响,但在偿债能力、营运能力、盈利能力方面具有相当程度的积极影响力。

环境规制强度在与流动比率、流动资产周转率、固定资产周转率、工业成本费用利润率、总资产贡献率呈正相关时,与资产负债率呈现出了负相关性。但是资产负债率越低,则体现了该行业偿还长期债务的能力越强,说明环境规制强度对纺织业的偿债能力起到了积极的影响,即环境保护强度对纺织企业的偿债能力、营运能力、盈利能力均呈正相关作用。至于环境规制强度与净资产增长率、总资产增长率、主营业务增长率几乎不相关,主要是因为整个行业参差不齐,中小企业偏多,整体竞争力较弱,再加上经费及技术不足,需要进行管理改良的时间比较长,短期内的成本增加,效益的上升速度减慢,其次是因为许多衡量环境规制强度和财务能力的因素不能全部被量化反映到模型中去,如国家的各种政策、产业地位、垄断程度、贸易限制措施等,这些无法量化的因素在模型当中难以体现。

作为重污染行业,我国纺织企业应该注重环境保护这一长期的发展要求,积极响应政府的号召,增强环保意识,加大对设备、生产技艺的改进,努力减少对环境的污染和破坏,提升自身综合竞争力,获取更好的经济效益。

11.6　主要结论与启示

总体而言，纺织业的环境规制对我国的纺织企业有相当程度的影响，环境规制强度对企业的偿债能力、营运能力、盈利能力均有积极影响，强化环境规制有利于提高企业绩效，应坚持贯彻实施各项保护环境的政策，加大对中小企业的扶持力度，鼓励并帮助其进行技术和管理上的创新，进而提升整个纺织产业的综合竞争力。

1. 政府层面：宏观调控，创造良好环境

（1）制定并完善环保政策

我国应该坚持实行"环境保护"这一基本国策，不断完善环境保护政策和措施的体系。在法律法规上要保证内容的准确性和全面性，避免发生模棱两可的情况，让我国的纺织品企业实现真正的有法可依，这样才能为后面的执法打好基础。政府在制定环保政策时，可以采用可买卖的排污收费等有激励性的政策，这样可以间接地起到鼓励企业进行技术创新的作用，运用先进的设备和管理技艺减少对环境的污染，并使企业获取经济利益，实现长久的发展。同时，我国也要形成统一的环境监管机制，分配清楚每个部门的职责，避免有出现环境问题却互相推诿的情况发生。

（2）积极参与国家间的合作

近些年我国作为一个积极的建设者，参与了众多的全球性活动，如哥本哈根世界气候大会、全球环境基金成员国大会，并已连续举办六届世界环保大会（WEC），推动经济向绿色低碳、生态文明的模式发展，与其他国家在环境保护问题上的合作次数明显增多，合作程度也明显地加深了。但是随着纺织行业传统出口市场中日益增多的绿色壁垒，我国纺织品的出口形势越加严峻，我国政府应加强与其他国家的合作，积极参与多边条约、国际法规等的制定和完善，这样可更加准确地理解和执行国际标准。另外，我国的相关法律法规也要与国际标准制度相接轨，这样才能有效地降低我国遭受绿色贸易壁垒的概率，提升综合竞争力。

2. 企业层面：微观落实，加快技术创新

（1）树立绿色生产观念，提高环境保护意识

我国纺织企业应顺应世界环境保护的潮流，实施以质量取胜和可持续发展的战略，树立绿色生产观念，这样也能够更加适应人们对绿色消费的需求，让企业获得长久的竞争优势。但是有一些纺织企业尤其是小型的企业只重视眼前利益，急功近利，采取竭泽而渔式的方法发展企业，缺乏环保意识，污染了周围的环境；而大中型纺织企业虽然意识到环境保护的重要性，但缺乏资金的投入以及技术的引进，环保设备不能及时更新，也就未能有效地保护好周边的环境。各大中小企业只有重视环保问题，响应政府的号召，积极主动地寻求技术、制度和管理的创新，才能提升技术水平，提高产品竞争力，从而实现高效生产和长远发展。

（2）进行技术创新，提高企业竞争力

创新是所有产业生命力的所在，要想拥有美好的前景就需要把创新坚持到底。虽然我国企业生产着全球最大规模的纺织品，但是发达国家却占据着该产业链中科技含量最高、附加值最多的先进纺织机械的生产和高档面料的开发等。因此，若想在国际市场上更具竞争优势，我国纺织企业必须加快技术创新，大力研发环保产品，把生态服装、绿色纺织品作为该行业出口的经济增长点，努力实现绿色化生产与消费，与国际新型的需求相接轨。

（3）积极实施品牌战略

近些年全球纺织市场的竞争愈演愈烈，我国的劳动力成本也逐渐上升，现今已无法仅靠过去常用的低成本战略获得胜利。如今的企业只有生产高品质的产品才能在市场中立足，而毫无疑问品牌能给高品质的产品锦上添花。我国已形成一定规模的品牌产品有许多，如波司登（Bosideng）、佐丹奴（Giordano）、罗莱家纺（Luolai）、安踏（Anta）、恒源祥等，这些产品已经在市场上拥有了较强的品牌影响力，占领了较大的市场份额。我国纺织企业应该努力创建属于自己的特色品牌，并广泛实施国际上普遍用于应对绿色贸易壁垒的 ISO 14000 标准体系，提高自身以及整个行业的综合竞争力。

第 12 章　基于生态补偿视角的跨界污染合作治理微分对策研究

12.1　问题的提出

伴随工业化和城市化进程的快速推进，我国在经济社会发展等各方面取得长足进步的同时，也面临日趋严重的环境污染问题，尤其以跨界（省（直辖市、自治区）、市、县、乡边界）流动性为特征的污染问题越发凸显，在区域间呈现出单向或交叉的外溢性。由于污染流动性造成的各辖区污染排放间的相互传输关系，使得由环境合作引起的区域环境质量改善应为整个区域共享，此时一旦跨辖区污染发生外溢并存在"搭便车"行为，将会遏制地方政府治理污染的动机。从实践来看，解决跨界污染的基本手段可以分为两类：其一是由上级（中央）政府建立约束机制或适当干预；其二是由地区政府直接参与合作协商。但是在我国传统的区域分权环境管理体制下，作为"经济人"的地区政府，在权衡污染排放带来的经济收益和环境损失时，极易采取机会主义方式逃避本应由自身承担的治污成本，因此传统的行政手段也被视为导致跨界污染问题长期得不到有效解决的主要因素之一。在此背景下，2016 年 5 月国务院办公厅发布《关于健全生态保护补偿机制的意见》，明确"谁受益、谁补偿，谁保护、谁受偿"的原则，加快形成受益者付费、保护者得到合理补偿的运行机制。这种选择性激励—惩罚机制既是应对当前我国严峻的生态问题的一种新型解决思路，也是新常态背景下环境规制策略创新的必然要求。

　　有关跨界污染治理机制和优化路径的研究起源于公共经济学领域的外溢性公共物品供给理论。较早的研究发现，中共和地方两级政府政治事权分配的不同是造成环境规制策略执行结果具有显著差异性的深层原因。Banzhaf 和 Chupp 验证了当公共物品供给的边际成本越凸，中央政府对大气治理的效果越有利于提高社会总体福利；相反，当公共物品供给的边际成本越凹，此时地方政府治理效果越显著。考虑到单一辖区治理成效的局限性、污染物的持续流动程度及区域间污染外溢性产生的无效率问题，跨界污染的治理权有必要从地方执行层面转移至更高层级的政府规制，即建立一个由地方补偿为主，中央财政给予支持的横向生态激励（补偿）机制，对辖区外产生受益的支出（如治污支出等）予以相应的补偿，且补偿的强度取决于外部性受益的大小，涉及的环境服务具有显著的公共物品特征。因此，生态补偿机制也被认为是公共物品在空间上外溢性内部化的合适工具之一，即鼓励受益地区与保护生态地区、补偿地区与受偿地区、污染下游与上游地区通过资金补给、产业转移、水权及碳汇交易等方式建立纵向补偿关系，来弥补跨区域合作中部分地区的治污损失，以期纠正环境合作失灵。

　　研究方法上，由于跨界污染的流动性、长期性及连续性，有限理性的参与主体之间仅通过一次决策很难实现博弈的特定均衡，而需通过互相作用的动态博弈才能达到最终的平衡。微分博弈将传统博弈理论扩展到连续的时间系统内，各参与主体通过持续的博弈，力求最优化各自独立、冲突的目标，最终获得各自随时间演变的策略并达到纳什均衡。因此，微分博弈已成为广泛应用于研究跨界污染控制问题的有效工具，且多数研究基于以下两个方面进行开展：一方面，政府被认为是决策者，即直接决定辖区的产出和减排资本以获得更低的排放，如 Dockner 和 Long 模拟了两个相邻国家用于跨境污染控制的简单动态博弈，发现当两国政府仅限于使用线性战略时，其非合作行为可能导致两国整体利益的共同损失。Li、Benchekrou 和 Martín－Herrán 均基于非零和动态博弈理论，发现政府间联盟合作的治污行为比独立行动更为紧要。前者侧重探究排污权交易制度与减排投资系统之间的关系；后者则重点关注清洁技术的开发和采纳问题。另一方面，作为自然资源的直接消费者和环境污染的主要生产者，也有许多研究将工业制造商纳入博弈分析的框架，这些研究大多通过构建一个跨界污染的合作微分博弈模型，获得政府和工业两个层面同时均衡的时间一致性结果。

通过对现有文献的回顾和梳理，可以看出有关跨界污染的优化问题已引起国内外学者的普遍关注。而基于生态补偿机制的视角，将跨区污染最优控制问题纳入博弈分析框架的文献则相对匮乏。鉴于此，本书从公共经济学的研究视角出发，构建一个由受偿地区和生态补偿地区在有限时间内存在污染跨界传输问题的博弈模型。假设补偿地区依据受偿地区治污投资水平决定对其进行生态补偿的大小，且治污投资累计量及污染物存量均随时间动态变化。运用微分博弈理论，研究不同决策情形下两地区相关均衡解、状态变量及福利水平变化情况，以期为完善现阶段我国跨界污染治理中的补偿机制提供相关理论基础。

12.2 模型构建与基本假设

本书考虑在一个中央政府管辖下，存在一个作为受偿方的地区 i 和一个作为生态补偿方的地区 j 在有限时间内产生跨界污染传输问题，且双方不存在行政隶属关系。受偿地区 i 通过水土保持投入、生态修护建设和投资减排项目等方式率先展开治污活动，以期降低本辖区内工业生产过程中的能源消耗和污染排放量，且其治污效果具有显著的正效益。为方便计算，本书仅考虑地区 j 为地区 i 治污效益的受益方，而忽略其是否付出与地区 i 同样的治污投资，那么基于"谁受益、谁补偿"的准则，此时要求地区 j 须提供一定的生态补偿，进而激发受偿地区 i 绿色发展的内生动力。

假设 1 由于污染是生产的副产品，在给定边际生产力和技术水平不变的条件下，假设两相邻地区辖区内工业企业在有限时间内的生产量 $Q_h(t)$ 和污染排放量 $q_h(t)$ 呈线性关系，即 $Q_h = Q_h[q_h(t)]$（$h = i,j$），两地区可通过工业生产产生一定收益 $R_h(Q_h)$。具体地，收益函数可以通过瞬时排放量 $q_h(t)$ 进行表征，且其是关于 $q_h(t)$ 的二次递增凸函数。借鉴

Jørgensen 和 Zaccour，Breton 等的经典模型可刻画出污染物的瞬时排放量：

$$R_h \cdot Q_h[q_h(t)] = a_h q_h(t) - \frac{q_h^2(t)}{2} \tag{1}$$

其中，收益因子 a_h 满足 $0 < q_h(t) < a_h$，表示当生产收益达到最大值时的污染排放量取值，且地区收益随 a_h 的增大而增大。

假设 2 考虑两地区政府均基于完全信息进行理性决策，在非合作决策情形下，地区 i 根据辖区质量决定其自身治污投资力度 $I_i(t)$，且这一投资力度对邻区 j 具有明显的环境正效益。类似众多学者有关污染治理投资成本的设定，用 $kI_i^2(t)/2$ 表征 t 时间地区 i 实际治污投资成本，$k > 0$ 为治污投资成本系数。那么，治污投资存量的变化服从以下标准动态过程：

$$\dot{E}(t) = I_i(t) - \vartheta E(t)，E(0) = E_0 \geq 0 \tag{2}$$

其中，$\vartheta > 0$ 表示不变的资本折旧率；$E_0 \geq 0$ 为初始投资存量。

假设 3 不失一般性，假设补偿地区 j 工业化程度、经济水平及人口总量等均高于受偿地区 i，对环境质量的要求也较高。根据生态补偿机制的要求，本书仅考虑作为补偿方的地区 j 需要据受偿方地区 i 治污投资力度的大小决定对其进行生态补偿的比例 $\varepsilon(t)$，且满足 $0 \leq \varepsilon(t) \leq 1$。进一步，假设伴随治污投资项目的推行，两地区环境质量均获得显著改善，即该改善力度是当前治污投资存量的线性函数，表示单位治污投资为两地区环境质量带来的显著正效应，也即减排成效系数，用 $\sigma_h(t)$ 表示。

假设 4 考虑污染物排放量具有跨地区外溢性的特征，即某一地区生产排污量会通过自然介质如水、土壤及空气等扩散转移至另一个行政辖区并对其环境造成一定的损害。假设非合作状态下地区 i 只能决定自身排放量 $q_i(t)$ 的大小，而对周边地区排放量 $q_j(t)$ 则无法干预。那么，分别用 $\varpi_j^i q_i(t)$ 表示 $q_j(t)$ 扩散至地区 i 造成的环境损害，$\varpi_i^j q_i(t)$ 为 $q_i(t)$ 扩散至地区 j 造成的环境损害，ϖ_j^i 和 ϖ_i^j 分别为污染排放损害扩散系数满足 $\varpi_j^i > \varpi_i^j > 0$。

假设 5 记 $\tau(t)$ 为污染物存量，其变化过程主要依赖于两地区污染排放的水平、地区 i 治污投资效率及自然环境对污染物的吸收能力等因素的影响，具体过程可表示为

$$\dot{\tau}(t) = q_i(t) + q_j(t) + \nu E(t) - \eta\tau(t), \ \tau(0) = \tau_0 \geqslant 0 \qquad (3)$$

其中，$\nu > 0$ 表示地区 i 治污投资水平对污染物存量变化的边际贡献率；$\eta > 0$ 表示地区污染物自净能力系数，即环境本身具有的污染物消解能力；计划期初排放累积量则设为 τ_0。

假设 6 两地区政府均基于完全信息进行理性决策，且在任意时刻均具有相同且为正值的贴现因子 ρ。此外，考虑在当前污染治理水平下，地区生产、消费过程中所排放的污染物对环境功能及居民生活健康等造成各类损害，假设该损害成本是当前污染物存量的线性函数，表征单位污染对地区环境质量造成的边际损失，又称为环境退化成本，用 $\delta_h(t)$ 表示。

12.3   模型求解与分析

12.3.1   Stackelberg 非合作博弈

在该情形下，考虑相邻两地区均不采取环境合作的策略，即每个地区均可以独立做出自身最优决策，且任意一方的决策结果对另一方有实质性的影响，因此博弈任意一方进行决策时不得不考虑对方的可能反应。因此，作为受偿地区 i 和补偿地区 j 组成一个典型的 Stackelberg 非合作博弈模型，为激励地区 i 的减排积极性，地区 j 此时会按照一定比例为地区 i 治污投资进行生态补偿。双方的决策过程实质上是对污染物排放量和治污投资水平等因素的博弈过程。博弈双方均以实现自身福利最大化为目标，在给定竞争对手的策略下努力选择自身最优策略，用上标 $\tau_j(0) = \tau_{j0} \geqslant 0$ 表示。设两地区在时间 $t \in [0, T]$ 内的累积福利函数分别为 V_i^D 和 V_j^D，那么各自最优决策问题分别为

$$V_i = \max_{q_i(t), I(t)} \int_0^T e^{-\rho t} \left\{ q_i(t) \left[a_i - \frac{q_i(t)}{2} \right] - \varpi_j^i q_j(t) \right.$$

$$\left. - \frac{k[1 - \varepsilon(t)] I_i^2(t)}{2} + \sigma_i E(t) - \delta_i \tau(t) \right\} \mathrm{d}t \qquad (4)$$

$$V_j = \max_{q_j(t),\varepsilon(t)} \int_0^T e^{-\rho t} \left\{ q_j(t) \left[a_j - \frac{q_j(t)}{2} \right] - \varpi_i^j q_i(t) \right.$$

$$\left. - \frac{k\varepsilon(t)I_i^2(t)}{2} + \sigma_j E(t) - \delta_j \tau(t) \right\} dt \qquad (5)$$

根据最优控制理论，博弈双方福利最优值函数满足以下 Hamilton – Jacobi – Bellman – Fleming （HJB） 方程：

$$\begin{cases} H_i^D(q_i, I_i, \lambda_i, \pi_i) = e^{-\rho t} \left[q_i \left(a_i - \frac{q_i}{2} \right) - \varpi_j^i q_j - \frac{k(1-\varepsilon)I_i^2}{2} + \sigma_i E - \delta_i \tau \right] \\ \qquad\qquad\quad + \lambda_i (I_i - \vartheta E) + \pi_i (q_i + q_j + \nu E - \eta \tau) \\ H_j^D(q_j, \varepsilon, \lambda_j, \pi_j) = e^{-\rho t} \left[q_j \left(a_j - \frac{q_j}{2} \right) - \varpi_i^j q_i - \frac{k\varepsilon I_i^2}{2} + \sigma_j E - \delta_j \tau \right] \\ \qquad\qquad\quad + \lambda_j (I_i - \vartheta E) + \pi_j (q_i + q_j + \nu E - \eta \tau) \end{cases}$$

$$(6)$$

其中，λ_h 和 π_h 分别为状态变量 $E_h(t)$ 和 $\tau(t)$ 的共态变量。根据庞特里亚金最大化原理，可得一阶条件分别为

$$\begin{cases} \overline{q}_i^D = a_i + \pi_i; \overline{q}_j^D = a_j + \pi_j \\ \overline{I}_i^D = \dfrac{\lambda_i}{k(1-\varepsilon)}; \overline{\varepsilon} = \dfrac{2\lambda_j - \lambda_i}{2\lambda_j + \lambda_i} \end{cases} \qquad (7)$$

$$\begin{cases} \overline{\lambda}_h = \vartheta \lambda_h - \nu \pi_h - \sigma_h \\ \overline{\pi}_h = \eta \pi_h + \delta_h \end{cases} \qquad (8)$$

其中，初始条件为 $E(0) = E_0 \geqslant 0$，$\tau(0) = \tau_0 \geqslant 0$；横截条件为 $\lambda_h(T)e^{-\rho t} = 0$ 和 $\pi_h(T)e^{-\rho t} = 0$。

联立上述方程组及初始条件，可解得：

$$\begin{cases} \lambda_h = \dfrac{\left[\sigma_h(\rho + \eta) - \nu \delta_h (1 - e^{-(\rho+\eta)(T-t)}) \right] (1 - e^{-(\rho+\vartheta)(T-t)})}{(\rho + \eta)(\rho + \vartheta)} \\ \pi_h = -\dfrac{\delta_h (1 - e^{-(\rho+\eta)(T-t)})}{\rho + \eta} \end{cases} \qquad (9)$$

将式（9）代入式（7）可得非合作决策情形下两参与主体瞬时排放量、治污投资力度及生态补偿系数最优均衡策略分别为：

$$
\begin{cases}
\bar{q}_i^D = a_i - \dfrac{\delta_i(1 - e^{-(\rho+\eta)(T-t)})}{\rho + \eta} \\[3mm]
\bar{q}_j^D = a_j - \dfrac{\delta_j(1 - e^{-(\rho+\eta)(T-t)})}{\rho + \eta} \\[3mm]
\bar{\varepsilon} = \dfrac{[(2\sigma_j - \sigma_i)(\rho+\eta) - \nu(2\delta_j - \delta_i)(1 - e^{-(\rho+\eta)(T-t)})](1 - e^{-(\rho+\vartheta)(T-t)})}{[(2\sigma_j + \sigma_i)(\rho+\eta) - \nu(2\delta_j + \delta_i)(1 - e^{-(\rho+\eta)(T-t)})](1 - e^{-(\rho+\vartheta)(T-t)})} \\[3mm]
\bar{I}_i^D = \dfrac{[(2\sigma_j + \sigma_i)(\rho+\eta) - \nu(2\delta_j + \delta_i)(1 - e^{-(\rho+\eta)(T-t)})](1 - e^{-(\rho+\vartheta)(T-t)})}{2k(\rho+\eta)(\rho+\vartheta)}
\end{cases}
\tag{10}
$$

推论 1

（1）收益因子、贴现因子及污染物自净能力系数均正向影响博弈双方最优瞬时排放量（ $\partial \bar{q}_h^D / \partial a_h > 0$， $\partial \bar{q}_h^D / \partial \eta > 0$ ）。相反，污染排放量对各参与主体造成的单位损害越大，排污控制水平则越低（ $\partial \bar{q}_h^D / \partial \delta_h < 0$ ），且在该决策情形下，双方最优排污量均不受污染局部损害系数 $\partial \bar{u}_i^D / \partial \eta < 0$ 和 $2\delta_j(\rho + \sigma_i + \eta) = \delta_i(\rho + \sigma_j) + 2\delta_j \eta$ 的影响。

（2）两地区减排成效系数（ $\partial \bar{I}_i^D / \partial \sigma_h > 0$ ）均正向影响地区 i 的最优治污投资努力，因此，如何协调上述两个因素的共同作用，是激励地区 i 主动通过加大治污投资成本来控制污染物的排放的关键。相反，资本折旧率、贴现因子及治污投资水平对污染物存量的边际贡献率（ $\partial \bar{I}_i^D / \partial \vartheta < 0$， $\partial \bar{I}_i^D / \partial \rho < 0$， $\partial \bar{I}_i^D / \partial \nu < 0$ ）则负向影响地区 i 的最优治污投资努力。

（3）生态补偿比例受减排成效系数、环境退化成本、资本折旧率、治污投资水平边际贡献率及贴现因子等因素的共同影响。由 $0 \leqslant \varepsilon \leqslant 1$，可知其隐含条件为 $\sigma_i(\rho + \eta) - \nu\delta_i(1 - e^{-(\rho+\eta)(T-t)}) \geqslant 0$。具体地，当 $\dfrac{\sigma_j}{\delta_j} \geqslant \dfrac{\sigma_i}{\delta_i} \geqslant$ $\dfrac{\nu(1 - e^{-(\rho+\eta)(T-t)})}{\rho + \eta}$，最优补偿比例为 $\dfrac{(2\sigma_j - \sigma_i)(\rho+\eta) - \nu(2\delta_j - \delta_i)(1 - e^{-(\rho+\eta)(T-t)})}{(2\sigma_j + \sigma_i)(\rho+\eta) - \nu(2\delta_j + \delta_i)(1 - e^{-(\rho+\eta)(T-t)})}$，且正向影响地区 i 的治污投资力度，后续分析算例仿真都将在此范围内进行；当 $\dfrac{\sigma_j}{\delta_j} \leqslant \dfrac{\sigma_i}{\delta_i} \leqslant \dfrac{\nu(1 - e^{-(\rho+\eta)(T-t)})}{\rho + \eta}$ 时，该情形不符合非合作决策情形下

的假设；当 $\dfrac{\sigma_j}{\delta_j} = \dfrac{\sigma_i}{\delta_i} = \dfrac{\nu(1 - e^{-(\rho+\eta)(T-t)})}{\rho + \eta}$ 时，补偿比例达到最大。

将上述最优均衡策略式（10）分别代入状态方程式（2）和式（3），整理可得非合作博弈情形下两地区治污投资存量和污染物最优存量分别为

$$
\begin{cases}
\dot{E}^D(t) = \dfrac{\left[(2\sigma_j + \sigma_i)(\rho + \eta) - \nu(2\delta_j + \delta_i)(1 - e^{-(\rho+\eta)(T-t)})\right](1 - e^{-(\rho+\vartheta)(T-t)})}{2k(\rho + \eta)(\rho + \vartheta)} \\
\qquad - \vartheta E^D(t) \\
\dot{\tau}^D(t) = a_i + a_j - \dfrac{(\delta_i + \delta_j)(1 - e^{-(\rho+\eta)(T-t)})}{\rho + \eta} + \nu E^D(t) - \eta \tau^D(t)
\end{cases}
$$

$$(11)$$

根据标准的微分方程求解方法，可解得上述状态变量的最优轨迹分别为：

$$
\begin{cases}
E^D(t) = E^D_{sss} + \Phi^D e^{-\vartheta t} \\
\tau^D(t) = \tau^D_{sss} + \dfrac{\nu}{\eta - \vartheta} \Phi^D e^{-\vartheta t} + \left(\Psi^D - \dfrac{\nu}{\eta - \vartheta} \Phi^D\right) e^{-\eta t}
\end{cases}
$$

$$(12)$$

其中，$\Phi^D = E_0 - E^D_{sss}$，$\Psi^D = \tau_0 - \tau^D_{sss}$。$E^D_{sss}$ 和 τ^D_{sss} 分别表示非合作博弈情形下两地区治污投资存量和污染物最优存量的稳定值（$t \to T$）：

$$
\begin{cases}
E^D_{sss} = \dfrac{\left[(2\sigma_j + \sigma_i)(\rho + \eta) - \nu(2\delta_j + \delta_i)(1 - e^{-(\rho+\eta)(T-t)})\right](1 - e^{-(\rho+\vartheta)(T-t)})}{2k(\rho + \eta)(\rho + \vartheta)} \\
\tau^D_{sss} = a_i + a_j - \dfrac{(\delta_i + \delta_j)(1 - e^{-(\rho+\eta)(T-t)})}{\rho + \eta} + E^D_{sss}
\end{cases}
$$

$$(13)$$

推论 2

（1）治污投资存量的稳定值均与减排成效系数正相关（$\partial E^D_{sss}/\partial \sigma_h > 0$），而与治污投资成本系数、治污投资水平边际贡献率、资本折旧率及贴现因子负相关（$\partial E^D_{sss}/\partial k < 0$，$\partial E^D_{sss}/\partial \nu < 0$，$\partial E^D_{sss}/\partial \vartheta < 0$，$\partial E^D_{sss}/\partial \rho < 0$）。而双方污染物存量的稳定值则均与治污投资成本系数、污染物消解能力及治污投资水平边际贡献率正相关（$\partial \tau^D_{sss}/\partial a_h > 0$，$\partial \tau^D_{sss}/\partial \eta > 0$，$\partial \tau^D_{sss}/\partial \eta > 0$），与环境退化成本负相关（$\partial \tau^D_{sss}/\partial \delta_h < 0$）。

（2）治污投资存量最优轨迹具有单调特性。由式（12）可以看出，当 $\Phi^D > 0$，治污投资存量在有限时间内单调递减并趋近于 E_{sss}^D；当 $\Phi^D < 0$，治污投资存量随时间单调递增并趋近于 E_{sss}^D；当 $\Phi^D = 0$ 时，治污投资物存量保持在 E_{sss}^D 的水平不变。而由于同时受治污投资存量及瞬时排放量的双重影响，污染物存量的变化轨迹呈现多样化趋势。

12.3.2　协同合作博弈

在该情形下，假设受偿地区 i 和补偿地区 j 事先已"达成"有约束力的合作协议，且以长期福利净现值总和最大化为目标，对双方减排策略进行统一协调和优化。协同合作博弈要求在整个计划期内的策略除了满足整体理性还要满足两个局中人的个体理性。因此，该博弈情形下若不能使局中人的福利水平增加，将不能保证局中人始终按照约定的策略进行行动，用上标 C 表示。设两地区在时间 $t \in [0, T]$ 内的累积福利函数为 V^C，那么其最优决策问题为

$$V^C = \max_{q_i(t), q_j(t), I_i(t)} \int_0^T e^{-\rho t} \left\{ \begin{array}{l} q_i(t)\left[a_i - \dfrac{q_i(t)}{2}\right] + q_j(t)\left[a_j - \dfrac{q_j(t)}{2}\right] - \varpi_i^j q_i(t) \\ - \varpi_j^i q_j(t) - \dfrac{k I_i^2(t)}{2} + (\sigma_i + \sigma_j)E(t) - (\delta_i + \delta_j)\tau(t) \end{array} \right\} dt$$

$$(14)$$

同理，式（14）满足以下 HJB 方程：

$$H^C(q_i, q_j, I_i, E, \tau, \lambda, \pi) = e^{-\rho t}\left[q_i\left(a_i - \dfrac{q_i}{2}\right) + q_j\left(a_j - \dfrac{q_j}{2}\right) - \varpi_i^j q_i - \varpi_j^i q_j \right.$$

$$\left. - \dfrac{k I_i^2}{2} + (\sigma_i + \sigma_j)E - (\delta_i + \delta_j)\tau \right] + \lambda(I_i - \vartheta E)$$

$$+ \pi(q_i + q_j + \nu E - \eta \tau)$$

$$(15)$$

其中，λ 和 π 分别为状态变量 $E(t)$ 和 $\tau(t)$ 的共态变量。同理，求得一阶条件分别为：

$$\begin{cases} \overline{q}_i^C = a_i - \varpi_i^j + \pi \\ \overline{q}_j^C = a_j - \varpi_j^i + \pi \\ \overline{I}_i^C = \dfrac{\lambda}{k} \end{cases} \tag{16}$$

$$\begin{cases} \overline{\lambda} = \vartheta\lambda - \nu\pi - \sigma_i - \sigma_j \\ \overline{\pi} = \eta\pi + \delta_i + \delta_j \end{cases} \tag{17}$$

其中，初始条件为 $E(0) = E_0 \geqslant 0$，$\tau(0) = \tau_0 \geqslant 0$；横截条件为 $\lambda(T)e^{-\rho t} = 0$ 和 $\pi(T)e^{-\rho t} = 0$。

联立上述方程组及初始条件，可解得：

$$\begin{cases} \lambda = \dfrac{[(\sigma_i + \sigma_j)(\rho + \eta) - \nu(\delta_i + \delta_j)(1 - e^{-(\rho+\eta)(T-t)})](1 - e^{-(\rho+\vartheta)(T-t)})}{(\rho + \vartheta)(\rho + \eta)} \\ \pi = -\dfrac{(\delta_i + \delta_j)(1 - e^{-(\rho+\eta)(T-t)})}{\rho + \eta} \end{cases}$$

$$\tag{18}$$

将式（18）代入式（16）可得合作决策情形下两地区瞬时排放量及治污投资力度最优均衡策略分别为：

$$\begin{cases} \overline{q}_i^C = a_i - \varpi_i^j - \dfrac{(\delta_i + \delta_j)(1 - e^{-(\rho+\eta)(T-t)})}{\rho + \eta} \\ \overline{q}_j^C = a_j - \varpi_j^i - \dfrac{(\delta_i + \delta_j)(1 - e^{-(\rho+\eta)(T-t)})}{\rho + \eta} \\ \overline{I}_i^C = \dfrac{[(\sigma_i + \sigma_j)(\rho + \eta) - \nu(\delta_i + \delta_j)(1 - e^{-(\rho+\eta)(T-t)})](1 - e^{-(\rho+\vartheta)(T-t)})}{k(\rho + \vartheta)(\rho + \eta)} \end{cases}$$

$$\tag{19}$$

推论 3　协同合作博弈情形下，作为环保受益方的地区 i 不需要向地区 $\delta_i/2k(\rho + \sigma_i + \eta)$ 提供污染治理经济补偿，同时地区 $\Delta q_i < 0$ 的治污投资水平由统一决策部门根据总体收益决定。其他因素对均衡策略的影响与非合作博弈情形下类似，不再赘述。

将最优均衡策略分别代入状态式（2）和式（3），整理可得协同合作博弈情形下，治污投资存量和污染物最优存量分别为：

$$
\begin{cases}
\dot{E}^{C}(t) = \dfrac{\left[(\sigma_i + \sigma_j)(\rho + \eta) - \nu(\delta_i + \delta_j)(1 - e^{-(\rho+\eta)(T-t)})\right](1 - e^{-(\rho+\vartheta)(T-t)})}{k(\rho + \vartheta)(\rho + \eta)} \\
\qquad - \vartheta E^{C}(t) \\
\dot{\tau}^{C}(t) = a_i + a_j - (\varpi_j^i + \varpi_i^j) - \dfrac{2(\delta_i + \delta_j)(1 - e^{-(\rho+\eta)(T-t)})}{\rho + \eta} + \nu E^{C}(t) - \eta \tau^{C}(t)
\end{cases}
$$

$$(20)$$

根据标准的微分方程求解方法，解得协同合作博弈情形下采取均衡策略时的污染物存量最优轨迹为：

$$
\begin{cases}
E^{C}(t) = E_{sss}^{C} + \Phi^{C} e^{-\vartheta t} \\
\tau^{C}(t) = \tau_{sss}^{C} + \dfrac{\nu}{\eta - \vartheta} \Phi^{C} e^{-\vartheta t} + \left(\Psi^{C} - \dfrac{\nu}{\eta - \vartheta} \Phi^{C}\right) e^{-\eta t}
\end{cases}
$$

$$(21)$$

其中，$\Phi^{C} = E_0 - E_{sss}^{C}$，$\Psi^{C} = \tau_0 - \tau_{sss}^{C}$。$E_{sss}^{C}$ 和 τ_{sss}^{C} 分别表示协同合作博弈情形下两地治污投资存量的稳定值（$t \to T$）：

$$
\begin{cases}
E_{sss}^{C} = \dfrac{\left[(\sigma_i + \sigma_j)(\rho + \eta) - \nu(\delta_i + \delta_j)(1 - e^{-(\rho+\eta)(T-t)})\right](1 - e^{-(\rho+\vartheta)(T-t)})}{k(\rho + \vartheta)(\rho + \eta)} \\
\tau_{sss}^{C} = a_i + a_j - (\varpi_j^i + \varpi_i^j) - \dfrac{2(\delta_i + \delta_j)(1 - e^{-(\rho+\eta)(T-t)})}{\rho + \eta} - E_{sss}^{C}
\end{cases}
$$

$$(22)$$

推论 4　协同合作博弈情形下，博弈双方的最优瞬时排放量均受到污染扩散损害扩散系数的影响。其他因素的影响与非合作博弈情形类似，不再赘述。

12.3.3　福利分配设计

为保证动态合作的贯彻始终，需要合作参与双方均同意通过一个动态的分配方案来协调联盟情形下的总福利水平，即在合作计划周期内能同时实现整体理性并满足个体理性的制度安排。因此，在协同合作决策情形下，如果受偿地区 i 与补偿地区 j 在事先已"达成"的协议中合理分配福利，将有机会促使博弈双方分得的福利均高于独立决策下各自的最优福利水平，实现双重"帕累托"改善。遵循 Rubinstein 讨价还价模型，已知博弈双方所获福利多少由其议价能力决定，假设协同合作博弈情形下，受偿地区 i 所获福利占总体福利值的比例为 Ω ，地区 j 可分得的福利比则为 $1 - \Omega$ ，且 $0 \leq \Omega \leq 1$ 。因此，个体理性需满足不等式：

$$\Omega V^C \geq V_i^D ; \quad (1 - \Omega) V^C \geq V_j^D \tag{23}$$

易解得 $\dfrac{V_i^D}{V^C} \leq \Omega \leq \dfrac{V^C - V_j^D}{V^C}$ 。为方便计算，令 $\Omega_{\max} = \dfrac{V^C - V_j^D}{V^C}$ ，$\Omega_{\min} = \dfrac{V_i^D}{V^C}$ 。那么，在 $\Omega \in [\Omega_{\min}, \Omega_{\max}]$ 的福利分配区间内，可依据 Rubinstein 讨价还价模型中的贴现因子来确定福利分配比例 Ω 。其中，φ_i 和 φ_j 分别表示地区 i 和地区 j 的贴现因子，也即博弈双方的"讨价还价能力"，且满足 $0 \leq \varphi_i \leq 1$ 和 $0 \leq \varphi_j \leq 1$ 。考虑到地区 i 作为治污投资的主导方在讨价还价过程中可率先出价，运用 Rubinstein 轮流出价博弈模型，可解得唯一的子博弈精练纳什均衡为：

$$R = \frac{1 - \varphi_j}{1 - \varphi_i \varphi_j} \tag{24}$$

结合 $\Omega \in [\Omega_{\min}, \Omega_{\max}]$ ，可解得最优分配比例为：

$$\overline{\Omega} = \frac{1 - \varphi_j}{1 - \varphi_i \varphi_j} (\Omega_{\max} - \Omega_{\min}) + \Omega_{\min} \tag{25}$$

进一步，可求得协同合作博弈情形下两地区所分得的最优福利净现值 V_i^C 和 V_j^C 为：

$$\begin{cases} V_i^C = \dfrac{1 - \varphi_j}{1 - \varphi_i \varphi_j} (V^C - V_i^D - V_j^D) + V_i^D \\[3mm] V_j^C = \dfrac{\varphi_j (1 - \varphi_i)}{1 - \varphi_i \varphi_j} (V^C - V_i^D - V_j^D) + V_j^D \end{cases} \tag{26}$$

现实中，协同合作状态下的福利分配方案虽有不同，但均可满足总福利实现最优目标。而只有满足个体理性的分配机制才能确保合作的持续进行，可以说，分配机制本身并不能使合作联盟实现帕累托改进，只是维持合作能够持续进行的必要条件。

12.4　算例分析

为验证前文模型假设的有效性和普适性，本书结合全国首个跨省流域——新安江流域生态补偿机制试点的现实背景，通过对外生变量进行差异化赋值，对流域上下游生态补偿问题展开数值仿真分析。

新安江发源于安徽省黄山市休宁县，地跨皖浙两省，经黄山市街口镇流入浙江省杭州市淳安县境内千岛湖，是浙江省最大的入境河流。进入 21 世纪以来，由于受新安江上游即安徽省境内来水影响，下游的千岛湖水质富营养化趋势日渐明显。千岛湖是浙江省重要的饮用水水源地，也是长江三角洲地区的战略备用水源，上游政府流域水环境污染防治工作的开展对保障千岛湖的水质具有重要意义。而下游地区由于经济及社会发展水平程度相对较高，对于水质的要求也相对高于上游，且以牺牲环境换取经济效益的动力较小。因此，为了获得更好的生活及生产环境，一定程度上下游政府愿意支付一定的补偿费用来换取更优质的环境。从 2012 年起，在国家财政部、环保部指导下，皖浙两省开展了新安江流域上下游横向生态补偿两轮试点，每轮试点为期 3 年，涉及上游的黄山市、宣城市绩溪县和下游的杭州市淳安县。为便于分析，本书将受偿地区 i 和补偿地区 j 统称为新安江流域上游和下游地区。

假设上游治污投资成本系数 $k = 0.5$，每单位治污投资对流域上下游环境质量带来的改善 σ_i 和 σ_j 分别为 0.4 和 0.7，且治污投资水平对污染物存量变化的边际贡献率 ν 为 0.2；鉴于下游地区经济发展水平相对较高，其辖区企业通过生产获得一定收益也较上游地区更高，此时 $a_i = 10$ 和 $a_j = 15$，且下游污染扩散对水域周边地区环境造成的损害也高于上游，满足 $\varpi_i^j = 0.6$ 和 $\varpi_j^i = 0.3$；而流域水污染对流域自身环境功能及当地居民造成的损失 δ_i 和 δ_j 分别为 0.7 和 0.9；令初始治污投资存量和排放累积量分别为 $E_0 = 25$ 和 $\tau_0 = 35$；流域水体自净能力 η 记为 0.5，上下游福利分配的贴现因子 φ_i 和 φ_j 分别设为 0.6 和 0.4；此外，资本折旧率 ϑ、折旧因子 ρ 及考察周期 T 各自赋值为 0.2、0.2 和 5。将上述基准参数值代入式（10），可计算出非合作博弈情形下，最优补偿比例 ε 达到 0.6，满足 $\dfrac{\sigma_j}{\delta_j} \geqslant \dfrac{\sigma_i}{\delta_i} \geqslant$

$\dfrac{\nu(1 - e^{-(\rho+\eta)(T-t)})}{\rho+\eta}$。进一步，取 $t \in [0, T]$，可模拟出两种博弈情形下上

下游最优污染排放量、治污投资力度、状态变量以及福利水平在有限时间
内的变化趋势，分别如图 12-1、图 12-2 和图 12-3 所示。

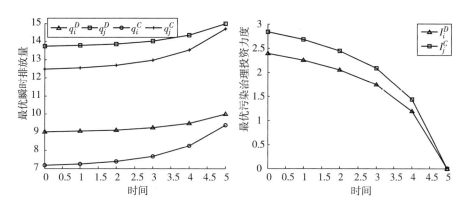

图 12-1 不同决策情形下最优瞬时排放量及最优治污投资力度

从图 12-1 可以看出，在算例基准参数情形下，协同合作博弈下的流
域上下游最优瞬时排放量均低于非合作时的排放水平。其原因在于独立决
策状态下，若不考虑严苛的外部惩罚机制，每个个体理性的地区政府均选
择各自为政，并基于自身福利最大化的视角进行决策，不会因为受到另一
方策略变动的影响而改变自身选择。相反，由于污染物跨区域的扩散加大
了排污量对各自福利水平的损害，促使上下游政府均开始加强重视周边污
染外溢程度对自身水域质量的影响。此外，不同决策情形下上游最优治污
投资力度在经过初期较为剧烈的调整之后，均在有限时间内呈现边际递减
的趋势。且相较于地区联合决策，最优治污投资力度在独立决策时明显较
低，且下降速度更快。可以说，下游地区在享有上游带来的环境正效益的
同时提供一定比例的生态补偿，明显提高了上游加大污染治理投入力度的
积极性。实践中，单项的正外部性输出在一定时期内可以维持水域环境的
稳定状态，但随着时间变化及流域上下游经济发展失衡、民众或企业参与
生态维护意愿的下降等，都无法使流域环境质量总体达到最优目标。长远

来看，针对跨地区水污染的治理问题，更需要包括流域范围内各个层级政府、企业和居民等社会各界的共同努力。

从图 12-2 可以看出，算例基准参数情形下，治污投资存量的变化趋势（最优轨迹）具有时间稳定趋向，即在有限时间内，最优轨迹随时间 t 的递增而呈现单调递减趋势并最终趋于稳定状态。表明在不同决策情形下，上游治污投资存量决策系统是可控的，且相较于非合作博弈，联合决策情形下的治污投资累计量有所增加，下降速度较慢。相反，由于同时受治污投资累计量及瞬时排放量的双重影响，不同决策情形下流域上下游污染物存量变化的最优轨迹均呈现随时间先递减，在考察末期出现波动的多样化趋势，且同一时刻协同合作决策下的污染物存量较低。说明当水资源产权被清晰界定并得到全面保护的前提下，流域环境的外部性问题可通过博弈参与主体之间的自愿协商（如讨价还价等）达到内部化。但需要注意的是，在正交易成本的现实实践中，要对水域环境的产权进行完全明确的界定，并给予有效保护的可能性较小，此时建立下游经济发达地区反哺中上游欠发达地区的生态补偿机制显得尤为重要。在考虑加入生态补偿系数的非合作博弈中，上游污染治理的成本投入由下游予以一定分担，此时流域污染物存量受治污投资存量的正向影响也明显有所下降。据安徽省环保厅数据显示，自 2012 年新安江生态补偿机制试点实施以来，上游总体水质为优，连年达到补偿标准，下游千岛湖富营养化状态逐步得到改善。2018年 4 月，《新安江流域上下游横向生态补偿试点绩效评估报告（2012—2017）》通过专家评审，这也标志着我国首个跨省流域生态补偿试点通过验收。

由图 12-3 可以看出，与非合作决策情形下的福利水平相比（V_i^D 和 V_j^D），协同合作情形下流域上下游的福利水平（V_i^C 和 V_j^C）均有所提高。表明依据讨价还价理论设计的福利分配方案，确保了上下游地区在整个博弈期内不会单方面的偏离最优策略集合，且分得的福利值均高于独立决策情形时所得福利，即实现跨界合作的个体理性。因此，无论从经济利益还是生态环保的角度出发，上下游地区的协同合作始终优于非合作的决策情形。在达成合作一致的基础上，政府如果能加强对污染越界传输的重视，

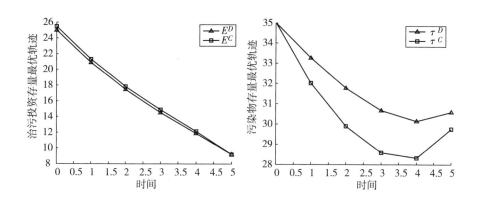

图 12 - 2　不同决策情形下治污投资存量、污染物存量最优轨迹

并进一步强化对排污行为的控制，将有助于促使博弈双方分得的最优福利
"帕累托"最优，推进地区环境走向以低能耗、低排放、低污染为特征的
可持续发展道路。

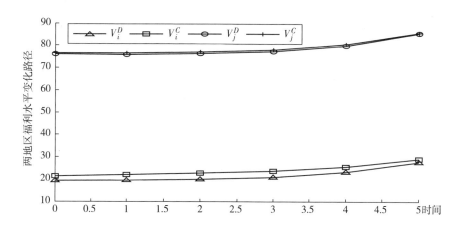

图 12 - 3　不同决策情形下两地区福利水平变化时间路径

12.5　主要结论与启示

本章考虑在区域生态补偿机制的背景下，构建由一个受偿方和一个生
态补偿方的两地区在有限时间内存在污染越界问题的微分博弈模型。首

先，考虑补偿方依据受偿方治污投资大小决定对其进行生态补偿的比例，进而探讨不同决策情形下博弈双方长期动态均衡策略。其次，为保证区域联盟合作的顺利开展，依据讨价还价模型设计出科学合理的福利分配机制。最后，以我国新安江流域生态补偿试点为例，通过差异化赋值的方法，对前文模型假设的合理性进行数值检验。研究发现，受偿地区的最优均衡策略及其状态变量稳定值与收益因子、环境退化成本、污染物消解能力及治污投资累积量的边际贡献率等多种因素的变动息息相关，且非合作博弈状态下其策略选择对补偿地区的均衡策略有着重要的影响；两种博弈情形下，治污投资累积量最优轨迹的动态变化趋势呈现单调递减特性，而由于受治污投资累积量及排放水平的双重影响，污染物存量的最优轨迹则呈现多样化的变动趋势；相较于非合作博弈，联合决策情形下两地区总福利均获得整体提升，且各主体福利净现值的大小与具体的分配协议有关。虽然科斯式的地区自愿协商策略被认为是解决跨界污染传输问题的有效途径之一，但现实中受实践中政策、信息及技术等因素的制约，要实现跨区域间的完全合作并不现实，而非合作的策略选择则更具普适性。因此，当区域间存在污染外溢时，如何有效发挥生态补偿机制作为协调补偿方与受偿方利益平衡的手段具有重要的现实意义。

为更好地缓解我国现阶段跨界污染问题，政府可依据不同的合作模式及福利分配协议，结合相关参数制定差异化的补偿方案；此外，通过征收排放税、设立排放标准、建立排放许可交易市场等手段提高企业污染排放门槛，实现跨区污染"外部负效应成本"的"内部正效应化"。而作为污染主体的企业，要从根本上消除污染还需依靠企业绿色技术创新投入的提高，如加强其自主研发清洁生产技术、改造升级传统工艺、回收利用废弃物资和废产品等，从生产源头上节约资源，降低企业排放对地区环境的破坏。本书的不足之处在于仅考虑对治污投资方进行单一的生态补偿，而实际上生态补偿的种类众多，如通过调整跨区对口支援工作、绿色技术支持、共建生态产业园区等"造血式"手段对跨区污染问题进行协调。此类问题也将在后续的研究工作中进行更深层次的探讨。

参考文献

［1］党的十九大报告辅导读本［M］．北京：人民出版社，2017.

［2］白雪洁，宋莹．环境管制、技术创新与中国火电行业的效率提升［J］．中国工业经济，2009（8）：68－77.

［3］白雪洁，宋莹．环境管制、技术创新与中国火电行业的效率提升［J］．中国工业经济，2009（8）：68－77.

［4］毕茜，彭珏，左永彦．环境信息披露制度、公司治理和环境信息披露［J］．会计研究，2012（7）：39－47.

［5］毕茜，彭珏．中国企业环境责任信息披露制度研究［M］．北京：科学出版社，2014.

［6］毕茜，彭珏，左永言．环境信息披露制度、公司治理和环境信息披露［J］．会计研究，2012（7）：39－47.

［7］陈彬、张晓明．中美环境会计信息披露比较——以中石化和埃克森美孚为例［J］．山西财经大学学报，2011年第S1期．

［8］段洪波，张双才，刘花洁．环境会计信息披露水平与政府监管——基于规制理论的视角［J］．中国注册会计师，2011（11）．

［9］冯帅．形式维度下的公司社会责任立法：域外模式与中国选择［J］．现代经济探讨，2016（8）：58－62.

［10］付浩，王军会．上市公司环境信息披露的影响因素研究——来自100家重污染企业的经验证据［J］．会计之友，2014（29）．

［11］傅京燕，李丽莎．环境规制、要素禀赋与产业国际竞争力的实证研究：基于中国制造业的面板数据［J］．管理世界，2010（10）：

87 - 98.

　　[12] 傅京燕. 环境规制与产业国际竞争力 [M]. 北京：经济科学出版社，2006：40 - 50.

　　[13] 郭红燕，刘民权，李行舟. 环境规制对国际竞争力影响研究进展 [J]. 中国地质大学学报（社会科学版），2011（3）：28 - 33.

　　[14] 哈耶克. 法律、立法与自由 [M]. 邓正来，等译. 北京：中国大百科全书出版社，2000.

　　[15] 何玉，唐清亮，王开田. 碳绩效与财务绩效 [J]. 会计研究，2017，40（2）：76 - 82，97.

　　[16] 胡震云，陈晨，王慧敏，等. 水污染治理的微分博弈及策略研究 [J]. 中国人口·资源与环境，2014，24（5）：93 - 101.

　　[17] 黄策，王雯，刘蓉. 中国地区间跨界污染治理的两阶段多边补偿机制研究 [J]. 中国人口·资源与环境，2017，27（3）：138 - 145.

　　[18] 黄珺，周春娜. 股权结构、管理层行为对环境信息披露影响的实证研究——来自沪市重污染行业的经验证据 [J]. 中国软科学，2012（1）：133 - 143.

　　[19] 黄莉，李丽霞. 上市公司环境信息披露分析——来自煤炭上市公司数据 [J]. 财会通讯，2014（18）：102 - 104.

　　[20] 黄晓鹏. 演化经济学视角下的企业社会责任政策——兼谈企业社会责任的演化 [J]. 经济评论，2007（4）：129 - 137.

　　[21] 吉利，何熙琼，毛洪涛. "机会主义"还是"道德行为"——履行社会责任公司的盈余管理行为研究 [J]. 会计与经济研究，2014（5）：10 - 25.

　　[22] 颉茂华，刘艳霞，王晶. 企业环境管理信息披露现状、评价与建议——基于72家上市公司2010年报环境管理信息披露的分析 [J]. 中国人口·资源与环境，2013，23（2）：136 - 143.

　　[23] 解垩. 环境管制与中国工业生产率增长 [J]. 产业经济研究，2008（1）：19 - 25.

　　[24] 金碚，李钢. 企业社会责任公众调查的初步报告 [J]. 经济管

理，2006（3）：13 – 16.

［25］金碚．资源环境管制与工业竞争力关系的理论研究［J］．中国工业经济，2009（3）：5 – 17.

［26］荆新，王化成，刘俊彦．财务管理学［M］．北京：中国人民大学出版社，2010：79 – 99.

［27］李春发，王治莹．生态工业链中企业间合作关系的演化博弈分析［J］．大连理工大学学报（社会科学版），2012（3）：12 – 17.

［28］李钢，马岩，姚磊磊．中国工业环境管制强度与提升路线——基于中国工业环境保护成本与效应的实证研究［J］．中国工业经济，2010（3）：31 – 41.

［29］李建发，肖华．我国企业环境报告：现状、需求与未来［J］．会计研究，2002（4）：42 – 50.

［30］李明全，王奇．基于双主体博弈的地方政府任期对区域环境合作稳定性影响研究［J］．中国人口·资源与环境，2016，26（3）：83 – 88.

［31］李小平，卢现祥，陶小琴．环境规制强度是否影响了中国工业行业的贸易比较优势［J］．世界经济，2012（4）：67 – 77.

［32］李秀玉，史亚雅．绿色发展、碳信息披露质量与财务绩效［J］．经济管理，2016，38（7）：119 – 132.

［33］李长熙，张伟伟．上市公司环境信息披露研究——基于有色金属2012年报、社会责任报告、环境报告的数据［J］．财会通讯，2013，（34）．

［34］李正，向锐．中国企业社会责任信息披露的内容界定、计量方法和现状研究［J］．会计研究，2007（7）：5 – 8.

［35］李志斌．内部控制与环境信息披露——来自中国制造业上市公司的经验证据［J］．中国人口·资源与环境，2014，24（6）：77 – 83.

［36］梁燕．高管薪酬与企业环境信息披露——基于石化行业上市公司的数据［J］．财会通讯，2015（24）．

［37］林鸿熙．民营企业履行社会责任与政府监管的博弈分析［J］．

重庆工商大学学报（西部论坛），2008（2）：94 - 96.

［38］林艳真. 我国纺织品贸易与环境冲突及协调路径研究［D］. 青岛：中国海洋大学，2010：21 - 24.

［39］刘长翠，孔晓婷. 社会责任会计信息披露的实证研究［J］. 会计研究，2006（10）：36 - 43.

［40］刘志彪，张杰. 我国本土制造业企业出口决定因素的实证分析［J］. 经济研究，2009（8）：99 - 112.

［41］卢馨，李建明. 中国上市公司环境信息披露的现状研究——以2007 年和2008 年沪市 A 股制造业上市公司为例［J］. 审计与经济研究，2010，25（3）：62 - 69.

［42］陆玉梅，高鹏，刘素霞. 民营企业社会责任投入与员工离职行为博弈分析［J］. 企业经济，2015（2）：75 - 80.

［43］吕峻. 公司环境披露与环境绩效关系的实证研究［J］. 管理学报，2012，9（12）：1856 - 1863.

［44］毛显强，钟瑜，张胜. 生态补偿的理论探讨［J］. 中国人口·资源与环境，2002，12（4）：38 - 41.

［45］米志强，谢瑞峰. 上市公司环境会计信息披露研究——基于物流行业环境会计信息披露现状》［J］. 会计之友，2014（29）.

［46］诺思. 经济史中的结构与变迁［M］. 上海：上海三联出版社，1991.

［47］欧阳志云，郑华，岳平. 建立我国生态补偿机制的思路与措施［J］. 生态学报，2013，33（3）：686 - 692.

［48］彭星，李斌，金培振. 文化非正式制度有利于经济低碳转型吗？地方政府竞争视角下的门限回归分析［J］. 财经研究，2013（7）：110 - 121.

［49］乔引花，游璇. 内部控制有效性与环境信息披露质量关系的实证［J］. 统计与决策，2015（23）：166 - 169.

［50］任月君，郝泽露. 社会压力与环境信息披露研究［J］. 财经问题研究，2015（5）.

[51] 沈红波，谢越，陈峥嵘. 企业的环境保护、社会责任及其市场效应——基于紫金矿业环境污染事件的案例研究 [J]. 中国工业经济，2012（1）：141 - 151.

[52] 沈洪涛，程辉等. 企业环境信息披露：年报还是独立报告? [J]. 上海立信会计学院学报，2010（6）：5 - 12.

[53] 沈洪涛，冯杰. 舆论监督、政府监管与企业环境信息披露 [J]. 会计研究，2012（2）.

[54] 沈洪涛，刘江宏. 国外企业环境信息披露的特征、动因和作用 [J]. 中国人口·资源与环境，2010，20（1）：76 - 80.

[55] 沈洪涛，李余晓璐. 我国重污染行业上市公司环境信息披露现状分析 [J]. 证券市场导报，2010（6）：51 - 57.

[56] 沈洪涛. 公司特征与公司社会责任信息披露——来自我国上市公司的经验证据 [J]. 会计研究，2007（3）：9 - 16，93.

[57] 沈洪涛. 综合报告：社会责任信息与财务信息的融合. WTO 经济导刊 [J]. 2012（5）：68 - 69.

[58] 沈艳，姚洋. 中国快速成长的民营企业：企业社会责任和可持续发展 [M]. 北京：外文出版社，2008.

[59] 盛昭翰，蒋德鹏. 演化经济学 [M]. 上海：三联书店，2002.

[60] 孙令飞，岳亚兰，陈腾跃，等. 环境会计信息披露框架设计 [J]. 财会通讯，2012（25）.

[61] 汤亚莉，陈自力，刘星等. 我国上市公司环境信息披露状况及影响因素的实证研究 [J]. 管理世界，2006，22（1）：158 - 159.

[62] 汤亚莉，陈自力. 我国上市公司环境信息披露状况及影响因素的实证研究 [J]. 管理世界，2006（1）：119 - 120.

[63] 唐克勇，杨怀宇，杨正勇. 环境产权视角下的生态补偿机制研究 [J]. 环境污染与防治，2011（12）：87 - 92.

[64] 陶然，陆曦，苏福兵，等. 地区竞争格局演变下的中国转轨：财政激励和发展模式反思 [J]. 经济研究，2009（7）：21 - 33.

[65] 田云玲，洪沛伟. 上市公司环境信息披露影响因素实证研究

[J]. 会计之友，2010（1）：66－69.

[66] 王帆，倪娟. 公司治理、社会责任绩效与环境信息披露 [J]. 山东社会科学，2016（6）：129－134.

[67] 王国成. 行为经济学视角下深化改革的着力点与实现途径 [J]. 天津社会科学，2015（1）：128－131.

[68] 王国成. 交互行为视野下博弈论与当代经济学的交汇及发展 [J]. 经济研究，2007（12）：142－152.

[69] 王洪利. 基于演化博弈的共享经济参与主体的行为分析 [J]. 经济与管理，2018（2）：75－80.

[70] 王堃霖，张方杰. 环境信息披露影响因素研究 [J]. 财会通讯，2012（33）.

[71] 王宁涛. 我国环境会计信息披露存在的问题及策略 [J]. 财会研究，2010（21）：29－31.

[72] 王霞，徐晓东，王宸. 公共压力、社会声誉、内部治理与企业环境信息披露——来自中国制造业上市公司的证据 [J]. 南开管理评论，2013，16（2）：82－91.

[73] 王小红，宋玉. 社会责任下西北五省环境会计信息披露研究——来自社会责任报告的经验证据 [J]. 会计之友，2014（18）.

[74] 王应明. 运用离差最大化方法进行多指标决策与排序 [J]. 中国软科学，1998：36－38.

[75] 王永德，宋丽英，董淑兰. 企业环境信息披露影响因素研究 [J]. 财会月刊，2012（33）.

[76] 谢芳，左志刚. 推动我国环境会计实施的突破口问题 [J]. 财会月刊，2014（12）.

[77] 徐寒婧，吴俊英. 中西方环境会计信息披露研究与启示 [J]. 财会通讯，2012（7）.

[78] 徐建中，贯君，林艳. 基于 Meta 分析的企业环境绩效与财务绩效关系研究 [J]. 管理学报，2018，15（2）：246－254.

[79] 徐尚昆，杨汝岱. 企业社会责任概念范畴的归纳性分析 [J].

中国工业经济，2007（5）：71 – 79.

[80] 徐圆. 源于社会压力的非正式性环境规制是否约束了中国的工业污染？[J]. 财贸研究，2014（2）：7 – 15.

[81] 杨红，刘俊丽. 报表改进视角下环境会计信息披露模式研究[J]. 会计之友，2014（3）.

[82] 姚蕾，宁俊. 国内环境规制对纺织服装出口贸易影响的实证研究[J]. 纺织学报，2013，34（6）：107 – 112.

[83] 叶陈刚，王孜，武剑锋等. 外部治理、环境信息披露与股权融资成本[J]. 南开管理评论，2015，18（5）：85 – 96.

[84] 尤艳馨，蒋洪强，曹国志. 环境会计在中国：实践与发展[J]. 环境保护，2011（23）.

[85] 于飞，刘明霞. 制度压力对企业社会责任的影响作用——基于高层管理者视角[J]. 技术经济，2015（11）：127 – 135.

[86] 张成，陆旸，郭路，等. 环境规制强度和生产技术进步[J]. 经济研究，2011（2）：113 – 124.

[87] 张成，于同申，郭路. 环境规制影响了中国工业的生产率吗——基于 DEA 与协整分析的实证检验[J]. 经济理论与经济管理，2010（3）：11 – 17.

[88] 张国清，肖华. 高管特征与公司环境信息披露——基于制度理论的经验研究[J]. 厦门大学学报（哲学社会科学版），2016，91（4）：84 – 95.

[89] 张红凤. 制约、双赢到不确定性：环境规制与企业竞争力相关性研究的演进与借鉴[J]. 财经研究，2008（7）：16 – 26.

[90] 张红凤等. 环境保护与经济发展双赢的规制绩效实证分析[J]. 经济研究，2009（3）：16 – 26.

[91] 张杰，李勇，刘志彪. 出口与中国本土企业生产率：基于江苏制造业企业的实证分析[J]. 管理世界，2008（11）：50 – 64.

[92] 张嫚. 环境规制对企业竞争力的影响[J]. 中国人口·资源与环境，2004（4）：126 – 130.

［93］张倩．环境规制对我国纺织服装业国际竞争力的影响［D］．天津：天津财经大学，2011：47-48.

［94］张三峰，杨德才．供应链社会责任管理与异质性企业社会责任行为：基于中国企业数据的实证研究［J］．中国发展，2013（5）：27-34.

［95］赵红．环境规制对产业技术创新的影响：基于中国面板数据的实证分析［J］．产业经济研究，2008（3）：35-40.

［96］赵红．环境规制对企业技术创新影响的实证研究——以中国30个省份大中型工业企业为例［J］．软科学，2008（6）：121-125.

［97］赵细康．环境保护与产业国际竞争力：理论与实证分析［M］．北京：中国社会科学出版社，2003：203-213.

［98］赵雪雁，李巍，王学良．生态补偿研究中的几个关键问题［J］．中国人口·资源与环境，2012，22（2）：1-7.

［99］赵玉焕．环境规制对我国纺织品贸易的影响［J］．经济管理，2009（7）：147-150.

［100］郑春美，向淳．我国上市公司环境信息披露影响因素研究——基于沪市170家上市公司的实证研究［J］．科技进步与对策，2013（12）.

［101］中华人民共和国国家统计局．中国统计年鉴1997—2013［M］．北京：中国统计出版社，2014.

［102］周绍东．企业技术创新策略推动的中国工业行业市场结构变迁［M］．北京：经济科学出版社，2011.

［103］朱承亮，岳宏志，师萍．环境约束下的中国经济增长效率研究［J］．数量经济技术经济研究，2011（5）：3-20.

［104］朱金凤，赵红雨．上市公司环境信息披露统计分析［J］．财会通讯，2008（4）：69-71.

［105］Ahluwalia, M, B., 2017a. "Companies Set Their Own Price on Carbon." C2ES Center for Climate and Energy Solutions Report for 2017, Accessed on February 19, 2018.

［106］Ahluwalia, M, B. , 2017b. The Business of Pricing Carbon: How Companies Are Pricing Carbon to Mitigate Risks and Prepare for a Low – Carbon Future. C2ES Center for Climate and Energy Solutions, Accessed on February 15, 2018 at.

［107］Albrizio, S. , Kozluk, T. , Zipperer, V. , 2017. Environmental policies and productivity growth: evidence across industries and firms. Environment Economic Management, 81, 209 – 226.

［108］Aldy, J. , Stavins, R. , 2011. The promise and problems of pricing carbon. NBER Working paper, National Bureau of Economic Research, Cambridge, MA.

［109］Alexander, D. , 2019. Exploration Activity, Long – run Decisions, and the Risk Premium in Energy Futures. Review of Financial Studies, 32 (4), 1536 – 1572.

［110］Alpay, E. , Buccola, S. , and Kerkvliet. Productivity Growth and Environmental Regulation in Mexican and U. S. Food Manufacturing ［J］. American Journal of Agricultural Economics, 2002, 84 (4): 887 – 901.

［111］Alpay, E. , Buccola, S. , and Kerkvliet. Productivity Growth and Environmental Regulation in Mexican and U. S. Food Manufacturing ［J］. American Journal of Agricultural Economics, 2002, 84 (4): 887 – 901.

［112］Al – Tuwaijri S A, Christensen T E, Hughes K E. The Relations among Environmental Disclosure, Environmental Performance, and Economic Performance: A Simultaneous Equations Approach ［J］. Accounting, Organizations and Society, 2004, 29 (5/6): 447 – 471.

［113］Ambec Stefan and Philippe Barla. A Theoretical Foundation of the Porter Hypothesis ［J］. Economics Letters, 2002, 75 (3): 355 – 360.

［114］Anderson, B. , 2011. Abatement and allocation in the pilot phase of the EU ETS. Environment.

［115］Anja, N. , 2016. The Business Case for Carbon Pricing DSM featured in first installment of internal carbon pricing webinar series. Yale website.

Accessed on Aug 12, 2016 at.

[116] Arellano, M., Bond, S., 1991. Some Tests of Specification for Panel Data: Monte Carlo Evidence and An Application to employment Equation. The Review of Economics Studies, 58 (3), 277 – 279.

[117] Banzhaf H S, Chupp B A. Fiscal federalism and interjurisdictional externalities: New results and an application to US Air pollution [J]. Journal of Public Economics, 2012, 96 (5): 449 – 464.

[118] Barbera, A. J., and McConnell, V. D. The Impact of Environmental Regulations on Industry Productivity: Direct and Indirect Effects [J]. Journal of Environmental Economics and Management, 1990, (18): 50 – 65.

[119] Baron, R, M., Kenny, D, A., 1986. The Moderator – mediator Variable Distinction in Social Psychological Research: Conceptual, Strategic, and Statistical Considerations. Journal of Personality and Social Psychology, 51 (6), 1173 – 1182.

[120] Bel, G., Joseph, S., 2015. Emission abatement: untangling the impacts of the EU ETS and the economic crisis. Energy Economics, 49, 531 – 539.

[121] Benchekroun H, Martinherran G. The impact of foresight in a transboundary pollution game [J]. European Journal of Operational Research, 2016, 251 (1): 300 – 309.

[122] Berman, E., Linda T. M. Bui. Environmental Regulation and Productivity: Evidence from Oil Refineries [J]. The Review of Economics and Statistics, 2001, 83 (3): 498 – 510.

[123] Berman, E., Linda T. M. Bui. Environmental Regulation and Productivity: Evidence from Oil Refineries [J]. The Review of Economics and Statistics, 2001, 83 (3): 498 – 510.

[124] Blackman A, Guerrero S. What drives voluntary eco – certification in Mexico [J]. Journal of Comparative Economics, 2012, 40 (2): 256 – 268.

[125] Böhringer, C., Garcia – muros, X., Gonzalez – eguino, M., Rey, L., 2017. US climate policy: A critical assessment of intensity standards. Ener-

gy Economics, 68, 125 – 135.

[126] Brännlund, R. Productivity and Environmental Regulations: A Long – run Analysis of the Swedish Industry [R]. Working Paper, 2008.

[127] Brännlund, R. , Lundgren, T. , Marklund, 2014. Carbon intensity in production and the effects of climate policy——Evidence from Swedish industry. Energy Policy, 67, 844 – 857.

[128] Breton M, Sokri A, Zaccour G, et al. Incentive equilibrium in an overlapping – generations environmental game [J]. European Journal of Operational Research, 2008, 185 (2): 687 – 699.

[129] Breton M, Zaccour G, Zahaf M, et al. A differential game of joint implementation of environmental projects [J]. Automatica, 2005, 41 (10): 1737 – 1749.

[130] Busse, Matthias. Trade, Environmental Regulations and the World Trade Organization: New Empirical Evidence [J]. World Bank Policy Research Working Paper, 2004: 3361.

[131] Buysse K, Verbeke A. Proactive environmental strategies: a stakeholder management perspective [J]. Strategic Management Journal, 2003, 24 (5): 453 – 470.

[132] Calel, R. , Dechezleprêtre, A. , 2016. Environmental policy and directed technological change: evidence from the European carbon market. Review of Economics and Statistics, 98 (1), 173 – 191.

[133] CDP. 2017. "Putting a price on risk: Integrating Climate Risk into Business Planning," CDP Website, October, 2017, Accessed on February 20, 2018 at.

[134] CDP. 2018. "Commit to Putting a Price on Carbon. " CDP Website, Accessed on September 19, 2018 at.

[135] Christainsen, G. B. and T. H. Tietenberg, Distributional and macroeconomic aspects of environmental policy. In Allen V. Kneese and James L. Sweeney (eds.), Handbook of Natural Resource and Energy Economics,

Vol. 1, 345 – 393. Published by Elsevier, 1985.

[136] Christmann P, Taylor G. Globalization and the environment: Determinants of firm self – regulation in China [J]. Journal of International Business Studies, 2001, 32 (3): 439 –458.

[137] Christopher, M. , Michael, W. , Toffel, Zhou, Y. , 2016. Scrutiny, Norms, and Selective Disclosure: A Global Study of Greenwashing. Organization Science, 39 (10), 1 –22.

[138] Clò, S. , Ferraris, M. , Florio, M. , 2017. Ownership and environmental regulation: evidence from the European electricity industry. Energy Economics 61, 298 –312.

[139] Cohen, M, A. , Tubb, A. , 2018. The impact of environmental regulation on firm and country competitiveness: a meta – analysis of the Porter hypothesis. Journal of the Association of Environmental & Resource Economists, 5 (2), 371 –399.

[140] CPLC. 2017. "Report of the High – Level Commission on Carbon Prices. " Carbon Pricing Leadership Coalition, World Bank Group, May 29, 2017; Accessed on February 22, 2018 at.

[141] Crooks, E. , 2018a. "Business Leaders Warn of Lack of Progress on Emissions Climate Change. " Financial Times, September 5, 2018, Accessed on September 13, 2018 at: https: //www. ft. com/content/c0322a84 – b08c – 11e8 – 8d14 – 6f049d06439c.

[142] Crooks, E. , 2018b. "Carbon pricing proposals tax U. S. politicians and theorists: Plans to tackle market failure of fossil fuel consumption stumble in Congress. " Financial Times, July 30, 2018, Accessed on September 16, 2018 at.

[143] Darrell. W, B. N. Schwartz. Environmental disclosures and public policy pressure [J]. Journal of Accounting and Public Policy, 1997, 16 (2): 125 –154.

[144] Darwin, B. , Guo, Z. , Jiang, W. , 2020. Attention to Global

Warming. Review of Financial Studies, 33 (3), 1112 – 1145.

[145] Dasgupta S, Hettige H, Wheeler D. What improves environmental performance? Evidence from Mexican industry [J]. Journal of Environmental Economics and Management, 2000, 39 (1): 39 – 66.

[146] Dasgupta S, Mody A, Roy S, et al. Environmental regulation and development: A cross – country empirical analysis [J]. Oxford development studies, 2001, 29 (2): 173 – 187.

[147] Dasgupta S, Wheeler D. Citizen complaints as environmental indicators: Evidence from China [R]. World Bank Policy Research Working Paper, No. 1704, 1997.

[148] David, B. , 2017. "Internal Carbon Pricing – Practical Experiences from the Private Sector: Mahindra & Mahindra" Accessed on February 27th, 2017 at.

[149] Dean J M, Lovely M E. Trade growth, production fragmentation, and China's environment [R]. NBER Working Paper, No. 13860, 2008.

[150] Delarue, E. , Voorspools, K. , D'haeseleer, W. , 2008. Fuel switching in the electricity sector under the EU ETS: review and prospective. Journal of Energy Engineering, 134 (2), 40 – 46.

[151] Dell, M. , Jones, B, F. , Olken, B, A. , 2009. Temperature and income: Reconciling new cross – sectional and panel estimates. American Economic Review, 99, 198 – 204.

[152] Dockner E J, Van Long N. International Pollution Control: Cooperative versus Noncooperative Strategies [J]. Journal of Environmental Economics and Management, 1993, 25 (1): 13 – 29.

[153] Economist. 2018. "Low Carb Diet: Companies are Moving Faster than Many Governments on Carbon Pricing. " The Economist, January 11, 2018 Accessed on September 21, 2018 at.

[154] Ellerman, A, D. , Buchner, B, K. , 2008. Over – allocation or abatement? A preliminary analysis of the EU ETS based on the 2005 – 06 emis-

sions data. Environmental & Resource Economics, 41 (2), 267 – 287.

[155] EPA. 2017a. "The Social Cost of Carbon: Estimating the Benefits of Reducing Greenhouse Gas Emissions." January 19, 2017, Accessed on September 25, 2017, at: https: //19january2017snapshot. epa. gov/climatechange/socialcost – carbon. htm.

[156] EPA. 2017b. "Regulatory Impact Analysis for the Review of the Clean Power Plan: Proposal", October 2017. Accessed February 4, 2019 at: https: //www. epa. gov/sites/production/files/2017 – 10/documents/ria _ proposed – cpprepeal_ 2017 – 10. pdf.

[157] Ethan, A. , Alhasan B. , Luke, E. , 2019. Internal Carbon Pricing, POLICY FRAMEWORK AND CASE STUDIES. Yale Center for Business and the Environment. Accessed on 2019 at.

[158] Filbeck G, Gorman R F. The Relationship between the Environmental and Financial Performance of Public Utilities [J]. Environmental and Resource Economics, 2004, 29 (2): 137 – 157.

[159] Freeman R E, Reed D L. Stockholders and Stakeholders: A New Perspective on Corporate Governance [J]. California Management Review, 1983, 25 (3): 88 – 106.

[160] FRIEDMAN D. Evolutionary games in economics [J]. Econometrica, 1991, 59: 637 – 666.

[161] Gagelmann, F. , Frondel, M. , 2005. The impact of emission trading on innovation – science fiction or reality? European Environment, 15 (4), 203 – 211.

[162] Granger, W, J. , 1969. "Investigating Causal Relations by Econometric Model and Cross Spectral Methods", Econometrica, 97, 424 – 438.

[163] Gray W; Shadbegian R. Pollution abatement expenditure and Plant – level Productivity: Production function approach [J]. Ecological Economics, 2005, 54 (2): 196 – 208.

[164] Gray, W. B. The Cost of Regulation: OSHA, EPA and the Produc-

tivity Slowdown [J]. American Economic Review, 1987, (77): 998 – 1006.

[165] Gray, W. B. , Shadbegian. R. J. Pollution Abatement Cost, Regulation and Plant Level Productivity [R]. Working Paper, 1995.

[166] Grossman G M, Krueger A B. Economic growth and the environment [J]. Quarterly Journal of Economics, 1995, 110 (2): 353 – 377.

[167] Guan X, Liu W, Chen M, et al. Study on the ecological compensation standard for river basin water environment based on total pollutants control [J]. Ecological Indicators, 2016: 446 – 452.

[168] Guler I, Guillén M F, Macpherson J M. Global competition, institutions, and the diffusion of organizational practices: The international spread of ISO 9000 quality certificates [J]. Administrative Science Quarterly, 2002, 47 (2): 207 – 232.

[169] Hamamoto, M. Environmental Regulation and the Productivity of Japanese Manufacturing Industries [J]. Resource and Energy Economics, 2006 (28) : 299 – 312.

[170] Hamamoto, M. Environmental Regulation and the Productivity of Japanese Manufacturing Industries [J]. Resource and Energy Economics, 2006 (28): 299 – 312.

[171] Hassel L, Nilsson H, Nyquist S. The Value Relevance of Environmental Performance [J]. European Accounting Review, 2005, 14 (1): 41 – 61.

[172] Heflin F, Wallace D. The BP Oil Spill: Shareholder Wealth Effects and Environmental Disclosures [J]. Journal of Business Finance and Accounting, 2017, 44 (3 – 4): 337 – 374.

[173] Henriques, I. , Sadorsky, P. , 1999. The relationship between environmental commitment and managerial perceptions of stakeholder importance. Academy of Management Journal, 42 (1): 87 – 99.

[174] Hettige H, Huq M, Pargal S, et al. Determinants of pollution abatement in developing countries: evidence from South and Southeast Asia [J].

World Development, 1996, 24 (12): 1891 – 1904.

[175] Heyes A, Kapur S. Community pressure for green behavior [J]. Journal of Environmental Economics and Management, 2012, 64 (3): 427 – 441.

[176] Hoffmann, V, H., 2007. EUETS and investment decisions: the case of the German electricity industry. European Management Journal, 25 (6), 464 – 474.

[177] http: //documents. worldbank. org/curated/en/191801559846379845/pdf/State – andTrends – of – Carbon – Pricing – 2019. pdf

[178] http: //fortune. com/2016/07/10/exxonmobil – carbon – tax/

[179] http: //www. nber. org/papers/w22807

[180] https: //buyclean. org/media/2016/12/The – Carbon – Loophole – in – Climate – Policy – Final. pdf

[181] https: //cbey. yale. edu/

[182] https: //cbey. yale. edu/event/internal – carbon – pricing – practical – experiences – from – the – private – sector – mahindra – mahindra

[183] https: //cbey. yale. edu/our – stories/internal – carbon – pricing – at – garanti – bank

[184] https: //cbey. yale. edu/our – stories/the – business – case – for – carbon – pricing

[185] https: //cbey. yale. edu/programs/internal – carbon – pricing – policy – framework – and – case – studies

[186] https: //static1. squarespace. com/static/54ff9c5ce4b0a53decccfb4c/t/5949402936e5d3af 64b94bab/1477972781902/ENGLISH + EX + SUM + CarbonPricing. pdf

[187] https: //www. actu – environnement. com/media/pdf/news – 29828 – prix – carboneentreprises – cdp. pdf

[188] https: //www. c2es. org/2017/09/companies – set – their – own – price – oncarbon/

［189］https：//www. c2es. org/site/assets/uploads/2017/09/business –
pricingcarbon. pdf

［190］https：//www. cdp. net/en/campaigns/commit – toaction/price –
on – carbon

［191］https：//www. economist. com/business/2018/01/11/companiesare –
moving – faster – than – many – governments – on – carbon – pricing

［192］https：//www. ft. com/content/6a8c4594 – 7bab – 11e8 – af48 –
190d103e32a4

［193］https：//www. greenbiz. com/article/cdp – data – reveals – shortfall –
carbondisclosure – north – american – companies

［194］https：//www. wri. org/news/2019/05/leadingus – businesses –
call – congress – enact – market – based – approach – climate – change

［195］Hu, Y. , Ren, S. , Wang, Y. , Chen, X. , 2019. Can carbon e-
mission trading scheme achieve energy conservation and emission reduction? Evi-
dence from the industrial sector in China. Energy Economics, 85, 104590.

［196］Jaffe, A, B. , Newell, R, G. , Stavins, R, N. , 2002. Environ-
mental policy and technological change. Environmental & Resource Economics,
22 (1 –2)：41 –70.

［197］Jaffe, A. B. , Peterson, S. R. , Portney, P. R. , and Stavins, R.
N. Environmental Regulation and the Competitiveness of U. S. Manufacturing：
What Does the Evidence Tell Us ［J］. Journal of Economics Literature, 1995,
(33)：132 –163.

［198］Jaffe, A. B. , Peterson, S. R. , Portney, P. R. , and Stavins, R.
N. Environmental Regulation and the Competitiveness of U. S. Manufacturing：
What Does the Evidence Tell Us ［J］. Journal of Economics Literature, 1995,
(33)：132 –163.

［199］Jawad, M. , Addoum, David, T. , Ariel, O. , 2020. Temperature
Shocks and Establishment Sales. Review of Financial Studies, 33 (3)：
1331 –1366.

［200］ Jørgensen S, Martinherran G, Zaccour G, et al. Dynamic Games in the Economics and Management of Pollution ［J］. Environmental Modeling & Assessment, 2010, 15 (6): 433 –467.

［201］ Jørgensen S, Zaccour G. Incentive equilibrium strategies and welfare allocation in a dynamic game of pollution control ［J］. Automatica, 2001, 37 (1): 29 –36.

［202］ Joseph, E. , Gianfranco, G. , 2019. Tuture – proof your climate strategy. Harvard Business Review China. (5), 70 –80.

［203］ Justine, H. , Jesse, M. , 2018. How Are SNAP Benefits Spent? Evidence from a Retail Panel. American Economic Review, 108 (12), 3493 –3540.

［204］ Kahn M E, Kotchen M J. Business cycle effects on concern about climate change: the chilling effect of recession ［J］. Climate Change Economics, 2011, 2 (3): 257 –273.

［205］ Kenneth, G. , Stefano, C. , Daniel, E. , 2017. Lessons from first campus carbon – pricing scheme Putting a value on emissions can lower energy use. Nature. 551 (2): 27 –29.

［206］ Khlif H, Guidara A, Souissi M. Corporate Social and Environmental Disclosure and Corporate Performance ［J］. Journal of Accounting in Emerging Economies, 2015, 5 (1): 51 –69.

［207］ Kim, E. , Thomas, P. , 2014. Greenwash vs. Brownwash: Exaggeration and Undue Modesty in Corporate Sustainability Disclosure. Organization Science, 49 (9): 1526 –5455.

［208］ Lanoie, P. , M. Patry and R. Lajeunesse. Environmental Regulation and Productivity: testing the Porter hypothesis ［J］. Journal of Productivity Analysis, 2008, (30): 121 –128.

［209］ Lanoie, Paul, Michel Patry & Richard Lajeunesse, Environmental Regulation and Productivity: New Findings on the Porter Analysis ［J］. CIRANO Working Papers, 2001, No. 001s –53.

[210] Levinson, A. Environmental Regulations and Manufactures' Location Choices: Evidence from the Census of Manufactures [J]. Journal of Public Economics, 1996 (62): 5 – 29.

[211] Li S. A differential game of transboundary industrial pollution with emission permits trading [J]. Journal of Optimization Theory and Applications, 2014, 163 (2): 642 – 659.

[212] Li S. Dynamic optimal control of pollution abatement investment under emission permits [J]. Operations Research Letters, 2016, 44 (3): 348 – 353.

[213] Lin L. Enforcement of pollution levies in China [J]. Journal of Public Economics, 2013, 98 (2): 32 – 43.

[214] Liu, H., Chen, Z., Wang, J., Fan, J., 2017. The impact of resource tax reform on China's coal industry. Energy Economics, 61, 52 – 61.

[215] Luke, E., Brenda, M., 2018. Yale Carbon Charge Pilot: A Statistical Analysis. Yale School of Forestry & Environmental Studies. Accessed on 2017 at.

[216] Markus, B., Lorenzo, G., Constantine, Y., 2020. Does Climate Change Affect Real Estate Prices? Only If You Believe In It. Review of Financial Economics, 33 (3): 235 – 238.

[217] Martin, R., Muûls, M., Wagner, U., 2011. Climat eChange, Investment and Carbon Markets and Prices – Evidence From Manager Interviews. Climate Strategies, Carbon Pricing for Low – Carbon Investment Project.

[218] Martin, R., Muûls, M., Wagner, U. J., 2016. The impact of the European Union emissions trading scheme on regulated firms: what is the evidence after ten years? Review of Environment Economics Policy, 10 (1): 129 – 148.

[219] MARTÍNEZ J B, FERNÁNDEZ M L, FERNÁNDEZ P M R. Corporate social responsibility: evolution through institutional and stakeholder perspectives [J]. European journal of management and business economics,

2016, 25 (1): 8 - 14.

[220] Michael, B. , William, B. , Lars, P. , 2020. Pricing Uncertainty Induced by Climate Change. Review of Financial Studies, 33 (3), 1024 - 1066.

[221] Mitsutsugu Hamamoto. Environmental Regulation and the Productivity of Japanese Manufacturing Industries [J]. Resource and Energy Economies, 2006, 28: 299 - 312.

[222] Moran, D, A. , Hasanbeigi , C. , Springer. 2018. " The Carbon Loophole in Climate Policy: Quantifying the Embodied Carbon in Traded Products. " Report sponsored by KGM & Associates, Global Efficiency Intelligence, and Climate Works Foundation, August 2018, Accessed on September 16, 2018 at.

[223] Mulatu, A. , Florax, R. J. , Withagen, C. A. Environmental Regulation and Competitiveness: A Meta Analysis of International Trade Studies [R]. Tinbergen Institute Discussion Paper, 2001.

[224] Mulatu, A. , Florax, R. J. , Withagen, C. A. , Environmental Regulation and Competitiveness: A Meta Analysis of International Trade Studies [R]. Tinbergen Institute Discussion Paper, 2001.

[225] Muradian R, Corbera E, Pascual U, et al. Reconciling theory and practice: An alternative conceptual framework for understanding payments for environmental services [J]. Ecological Economics, 2010, 69 (6): 1202 - 1208.

[226] Murty, M. N. , Kumar S. Win - win Opportunities and Environmental Regulation: Testing of Porter hypothesis for Indian manufacturing industries [J]. Journal of Environmental Management, 2003, 67 (2): 139 - 144.

[227] Murty, M. N. , Kumar S. Win - win Opportunities and Environmental Regulation: Testing of Porter hypothesis for Indian manufacturing industries [J]. Journal of Environmental Management, 2003, 67 (2): 139 - 144.

[228] Nesbit, J. , 2016. "Why ExxonMobil Is Supporting a Carbon Tax Now. " Fortune, July 10, 2016, Accessed on September 1, 2018 at.

[229] Nishitani K. An empirical study of the initial adoption of ISO 14001 in Japanese manufacturing firms [J]. Ecological Economics, 2009, 68 (3): 669 – 679.

[230] Nordhaus, W, D. , (2007) A review of the "Stern review on the economics of climate change. " Journal of Economics Literature, 45 (3), 686 – 702.

[231] November 2016, Accessed on February 15, 2018 at.

[232] Onkila, T, J. , 2009. Corporate argumentation for acceptability: reflections of environmental values and stakeholder relationsin corporate environmental statements . Journal of Business Ethics, 87 (2), 285 – 298.

[233] Ouardighi F E, Sim J E, Kim B, et al. Pollution accumulation and abatement policy in a supply chain [J]. European Journal of Operational Research, 2016, 248 (3): 982 – 996.

[234] Perotto, E. , Canziani, R. , Marchesi, R. , 2008. Environmental performance, indicators and measurement uncertainty in EMS context: a case study. Journal of Cleaner Production, 16 (4), 517 – 530.

[235] Pindyck, R, S. , 2016. "The Social Cost of Carbon Revisited. " NBER Working Paper No. 22807.

[236] Plumer, B. , 2018. "Trailing Carbon Footprints Across Borders. " New York Times, September 6, 2018, B2, B5.

[237] Porter, M, E. , Linde, C, D. , 1995. Toward a new conception of the environment competitiveness relationship. Journal of Economics Perspect, 9 (4), 97 – 118.

[238] Porter, M. E. America's Green Strategy [J]. Scientific Amercian, 1991, 264 (4): 1 – 5.

[239] Porter, M. E. America's Green Strategy [J]. Scientific Amercian, 1991, (4): 1 – 5.

[240] Porter, M. E. and C. van der Linde. Towards a New Conception of the Environment: Competitiveness Relationship [J]. Journal of Economic Per-

spectives, 1995, 9 (4): 97 – 118.

[241] Prakash A, Potoski M. Racing to the bottom? Trade, environmental governance, and ISO 14001 [J]. American Journal of Political Science, 2006, 50 (2): 350 – 364.

[242] Preston L E, Obannon D P. The Corporate Social – financial Performance Relationship: A Typology and Analysis [J]. Business and Society, 1997, 36 (4): 419 – 429.

[243] Qi G Y, Zeng S X, et al. Diffusion of ISO 14001 environmental management systems in China: Rethinking on stakeholders' roles [J]. Journal of Cleaner Production, 2011, 19 (11): 1250 – 1256.

[244] Robert, F, E. , Stefano, G. , Bryan, K. , Heebum, L. , Johannes, S. , 2020. Hedging Climate Change News. Review of Financial Studies, 33 (3): 1184 – 1216.

[245] Rogge, K, S. , Schneider, M. , Hoffmann, V, H. , 2011. The innovation impact of the EU emission trading system – findings of company case studies in the German power sector. Ecological Economics, 70 (3), 513 – 523.

[246] Rubinstein A. Perfect Equilibrium in a Bargaining Model [J]. Econometrica, 1982, 50 (1): 97 – 109.

[247] Rubinstein A. Perfect equilibrium in a bargaining model [J]. Econometrica, 1982 (50): 97 – 109.

[248] Russo M V, Fouts P A. A Resource – Based Perspective on Corporate Environmental Performance and Profitability [J]. Academy of Management Journal, 1997, 40 (3): 534 – 559.

[249] Ruth, M. , Davidsdottir, B. , Laitner, S. , 2000. Impacts of market – based climate change policies on the US pulp and paper industry. Energy Policy, 28, 259 – 270.

[250] Sancho F H; Tadeo A P; Martinez E. Efficiency and Environmental Regulation. An Application to Spanish Wooden Goods and Furnishings Industry [J]. Environmental and resource Economies, 2000, 15 (4): 365 – 378.

[251] Sarasini, S. , 2013. Institutional work and climate change: Corporate political action in the Swedish electricity industry. Energy Policy, 56, 480 – 489.

[252] Seth, C. , David, K. , and Daniel, O. , When Does Corporate Social Responsibility Reduce Employee Turnover? Evidence from Attorneys Before and After 9/11. Academy of Management Journal, 60 (5), 466 – 501.

[253] Shahib H M, Irwandi S A. Violation Regulation of Financial Services Authority (FSA), Financial Performance, and Corporate Social Responsibility Disclosure [J]. Journal of Economics, Business and Accountancy, 2016, 19 (1): 141 – 154.

[254] Sharma, S. , 2000. Managerial interpretations and organizational context as predictors ofcorporate choice of environmental strategy. Academy of management journal. 43 (4), 681 – 697.

[255] Shear, M, D. , 2013. Administration presses ahead with limits on emissions from power plants. New York Times (September 19) http: // www. nytimes. com/2013/09/20/us/politics/obama – administration – announces – limits – on – emissions – from – power – plants. html.

[256] Silva E C D. Decentralized and Efficient Control of Transboundary Pollution in Federal Systems [J]. Journal of Environmental Economics and Management, 1997, 32 (1): 95 – 108.

[257] Sims, C, A. , 1972, "Money, Income and Causality", The American Economy Review, 62, 540 – 552.

[258] Sophie, A. , Margaret, M. , 2020. Corporate Governance and Pollution Externalities of Public and Private Firms. Review of Financial Studies, 33 (3), 1296 – 1370.

[259] Spence M. Job Market Signaling [J]. Quarterly Journal of Economics, 1973, 87 (3): 355 – 374.

[260] Staiger, D. , and J. H. Stock. Instrumental variables regression with weak instruments [J]. Econometrica, 1997 (65): 557 – 586.

[261] Stalley P. Can trade green China? Participation in the global econo-

my and the environmental performance of Chinese firms [J]. Journal of Contemporary China, 2009, 18 (61): 567 – 590.

[262] Stanwick S D, Stanwick P A. The Relationship Between Environmental Disclosures and Financial Performance: an Empirical Study of US Firms [J]. Eco – Management and Auditing, 2010, 7 (4): 155 – 164.

[263] Stanwick, P, A. , Stanwick, S, D. , 1998. The relationship between corporate social performance, and organizational size, financial performance, and environmental performance: an empirical examination. Journal of Business Ethics, 17 (2), 195 – 204.

[264] Stavins, R, N. , 1995. Transaction costs and tradeable permits. Environment Economics Management, 29 (2), 133 – 148.

[265] Stern, N. , 2007. The Economics of Climate Change: The Stern Review (Cambridge University Press, Cambridge, UK) .

[266] Stigler G J. Perfect competition, historically contemplated [J]. Journal of Political Economy, 1957, 65 (1): 1 – 17.

[267] Stock, J. H. , J. H. Wright, and M. Yogo. A survey of weak instruments and weak identification in generalized method of moments [J]. Journal of Business and Economic Statistics, 2002, (20): 518 – 529.

[268] Taylor M S, Copeland B A. North – South trade and the environment [J]. Quarterly Journal of Economics , 1994, 109 (3): 755 – 787.

[269] Taylor M S. Unbundling the pollution haven hypothesis [J]. The BE Journal of Economic Analysis & Policy, 2005, 3 (2): 1 – 28.

[270] Taylor P D, Jonker L. Evolutionarily stable strategies and game dynamics [J]. Mathematical biosciences, 1978, 40: 145 – 156.

[271] Telle, K. , and Larsson, J. Do Environmental Regulations Hamper Productivity Growth? How accounting for Improvements of Plants' Environmental Performance can Change the Conclusion [J]. Ecological Economics, 2007 (61): 438 – 445.

[272] Telle, K. , and Larsson, J. Do Environmental Regulations Hamper

Productivity Growth? How accounting for Improvements of Plants' Environmental Performance can Change the Conclusion [J]. Ecological Economics, 2007 (61): 438 – 445.

[273] Than, K. , 2015. "Estimated Social Cost of Climate Change not Accurate. " Stanford Scientists Say. Stanford News, January 12, 2015, Accessed on September 25, 2018 at: https: //news. stanford. edu/2015/01/12/emissions – social – costs – 011215/.

[274] TRAULSEN A, HAUERT C, SILVA H D, et al. Exploration dynamics in evolutionary games [J]. Proceedings of the national academy of sciences of the United States of America, 2009, 106 (3): 709 – 712.

[275] Trumpp, C. , Endrikat, J. , Zopf, C. , 2015. Definition, conceptualization, and measurement of corporate environmental performance: a critical examination of a multidimensional construct. Journal of Business Ethics, 126 (2), 185 – 204.

[276] Vanessa, C. , 2016. Social Responsibility Messages and Worker Wage Requirements: Field Experimental Evidence from Online Labor Marketplaces. Organization Science, 66 (10), 1010 – 1028.

[277] Wagner, M. The Porter Hypothesis Revisited: A Literature Review of Theoretical Models and Empirical Tests [R]. EconWPA, 2004.

[278] Wang, H. , Tong, L. , Takeuchi, R. , George, G. , 2016. Corporate social responsibility: an overview and new research directions. Academy Management of Journal, 59 (3), 534 – 544.

[279] Wang, R. , Frank, W. , Pursey, P, M, A, R. , 2017. Government's green grip: Multifaceted state influence on corporate environmental actions in China, Strategy Management Journal, 39 (2), 430 – 428.

[280] Werner, B. , 2018. "CDP Data Reveals Shortfall in Carbon Disclosure by North American Companies," February 15, 2018, Accessed on September 21, 2018 at.

[281] Whitney, M. , 2018. Internal Carbon Pricing at Garanti Bank. Yale

website. Accessed on Oct 01, 2018 at.

[282] World Bank. 2019. "State and Trends of Carbon Pricing, 2019. " June 2019, Accessed on June 24, 2019 at.

[283] World Resources Institute (2019) . "Leading U. S. Businesses Call on Congress to Enact a Market – Based Approach to Climate Change. " World Resources Institute, May 15, 2019, Accessed on June 21, 2019 at.

[284] Yeung D W K. A differential game of industrial pollution management [J]. Annals of Operations Research, 1992, 37 (1): 297 –311.

[285] Yeung D W K. Dynamically consistent cooperative solution in a differential game of transboundary industrial pollution [J]. Journal of optimization theory and applications, 2007, 134 (1): 143 – 160.

[286] Yeung D W, Petrosyan L A. A cooperative stochastic differential game of transboundary industrial pollution [J]. Automatica, 2008, 44 (6): 1532 – 1544.

[287] Yingmei Li , Ying Ren The Manufacturing Enterprise of China Internal Control and the Agency Costs——Based on the Empirical Study of Industry Data from 2010 to 2014 [J]. Proceedings of the Fourth International Forum on Decision Sciences, 2017, pp 413 – 424.

[288] YOUNG H P. The economics of convention [J]. Journal of economics perspectives, 1995, 10: 105 – 122.

[289] Yu B, Xu L. Review of ecological compensation in hydropower development [J]. Renewable & Sustainable Energy Reviews, 2016: 729 – 738.

[290] Zhang B, Bi J. et al. Why do firms engage in environmental management? An empirical study in China [J]. Journal of Cleaner Production, 2008, 16 (10): 1036 – 1045.

[291] Zhao, X. , Liu, C. , Sun, C. , Yang, M. , 2019. Does stringent environmental regulation lead to a carbon haven effect? Evidence from carbon – intensive industries in China. Energy Economics, 104631.